U0351354

海葵鱼生物学和繁殖技术

叶　乐　王海山◎著

中国原子能出版社

图书在版编目（CIP）数据

海葵鱼生物学和繁殖技术 / 叶乐，王海山著 . -- 北京：中国原子能出版社，2020.8
ISBN 978-7-5221-0770-7

Ⅰ . ①海… Ⅱ . ①叶… ②王… Ⅲ . ①海葵目—繁殖
Ⅳ . ① Q959.135.1

中国版本图书馆 CIP 数据核字（2020）第 151857 号

内 容 简 介

　　本书结合作者多年科研成果和养殖经验，并参考其他学者海葵鱼研究中的相关成果，整理成书。主要内容包括海葵鱼分类学知识，各种海葵鱼的形态特征，特别是对各种形态相似的海葵鱼的辨别；海葵鱼的行为生态习性和海葵鱼的繁殖生物学，对海葵鱼研究热点问题作了较详细的总结；以及对海葵鱼人工繁殖、鱼苗培育技术和海葵鱼工厂化健康养殖技术进行了详细阐述；最后对海葵鱼育种工作作了简单介绍。该书将理论知识和实践技术融为一体，力求做到内容丰富、实用，通俗易懂，图文并茂，可操作性强，对海葵鱼产业化技术发展具有较强的指导作用和参考价值，同时对科研人员进行海葵鱼研究也具有一定的参考意义。

海葵鱼生物学和繁殖技术

出版发行	中国原子能出版社（北京市海淀区阜成路 43 号 100048）
责任编辑	张　琳
责任校对	冯莲凤
印　　刷	北京亚吉飞数码科技有限公司
经　　销	全国新华书店
开　　本	787mm×1092mm　1/16
印　　张	12.25
字　　数	230 千字
版　　次	2021 年 3 月第 1 版　2021 年 3 月第 1 次印刷
书　　号	ISBN 978-7-5221-0770-7　　定　　价　64.00 元

网　　址：http://www.aep.com.cn	**E-mail:** atomep123@126.com
发行电话：010-68452845	版权所有　侵权必究

前　言

随着人们生活水平的提高,饲养观赏鱼更成为一种时尚休闲娱乐活动,世界上喜欢观赏鱼的人数以亿计,继猫、狗之后,观赏鱼成为世界上第三大宠物。全国乃至全世界观赏鱼贸易额近些年一直保持逐年增加的趋势。观赏鱼主要分为淡水观赏鱼和海水观赏鱼,淡水观赏鱼占据市场的大部分,而随着水族科技发展,海水观赏鱼贸易额逐年递增。在来源上,淡水观赏鱼和海水观赏鱼存在根本性区别,那就是淡水观赏鱼基本靠人工养殖,而海水观赏鱼基本是野生捕捞,显然这是不可持续的发展模式。可喜的是,这种状况正在改变,一些海水观赏鱼品种繁殖技术已经突破,可以说,海水观赏鱼养殖业,是正在迅速发展的水产可持续发展的新产业。

小丑鱼,属于雀鲷科(Pomacentridae),海葵鱼亚科(Amphiprioninae)鱼类,在自然界中与一些海葵互利共生,所以又名海葵鱼,目前已发现 30 种。海葵鱼是热带海水观赏鱼的重要种类之一,销量常年稳居海水观赏鱼市场第一位。而在目前为数不多可以批量化生产的海水观赏鱼中,海葵鱼是其中之一。所以,海葵鱼繁殖产业化蕴含巨大商机。

本书结合作者多年科研成果和养殖经验,并参考其他学者海葵鱼研究中的相关成果,整理成书。主要内容包括海葵鱼分类学知识,各种海葵鱼的形态特征,特别是对各种形态相似的海葵鱼的辨别;海葵鱼的行为生态习性和海葵鱼的繁殖生物学,对海葵鱼研究热点问题作了较详细的总结;以及对海葵鱼人工繁殖、鱼苗培育技术和海葵鱼工厂化健康养殖技术进行了详细阐述,最后对海葵鱼育种工作作了简单介绍。该书理论和实践技术融为一体,力求做到内容丰富、实用,通俗易懂,图文并茂,可操作性强,对海葵鱼产业化技术发展具有较强指导和参考价值,同时对科研人员进行海葵鱼研究也具有一定的参考意义。

全书共 23 万字。本书出版获海南热带海洋学院学术著作出版资助,以及海南省重点研发计划(ZDYF2019101)项目资助。由于撰写时间仓促,知识水平和经验不足,不可避免存在某些缺点与不足,殷切希望同行、专家、实践在第一线的技术员及水族行业发烧友提出宝贵意见。

作　者

2020 年 4 月

目　录

第一章 海葵鱼的分类及特征

第一节 海葵鱼的分类

　　海葵鱼属于雀鲷科（Pomacentridae），海葵鱼亚科（Amphiprioninae），传统分类学从形态学角度把本亚科分成双锯鱼属（又称海葵鱼属，*Amphiprion*）及棘颊海葵鱼属（*Premna*），双锯鱼属又进一步分为四个亚属（*Actinicola*，*Paramphiprion*，*Phalerebus* 和 *Amphiprion*），其中 *Amphiprion* 亚属里包含两类种聚合体（Complex）（大眼双锯鱼 *A. ephippium* 类群和克氏双锯鱼 *A. clarkii* 类群）（Allen 1991，p.34）。Allen（1991）描述了已发现的双锯鱼属鱼类有 27 种，近年来，Allen 等（2008，2010）又发现了 2 个新物种，所以迄今已发现双锯鱼属有 29 种；棘颊海葵鱼属世界上仅 1 种。因此海葵鱼亚科合计 2 属 30 种（表 1-1）。

- ·界：动物界 Animalia
- ·门：脊索动物门 Chordata
- ·纲：辐鳍鱼纲 Actinopterygii
- ·目：鲈形目 Perciformes
- ·亚目：隆头鱼亚目 Labroidei
- ·科：雀鲷科 Pomacentridae
- ·亚科：海葵鱼亚科 Amphiprioninae
- ·双锯鱼属（*Amphiprion*）Bloch & Schneider，1801

表 1-1　海葵鱼分类

§ *Actinicola* 亚属		
	眼斑双锯鱼	*A. ocellaris*
	海葵双锯鱼	*A. percula*
§ *Amphiprion* 亚属		
双带小丑类（*A.clarkii* complex）		

§ *Actinicola* 亚属		
	大堡礁双锯鱼	A. akindynos
	阿氏双锯鱼	A. allardi
	二带双锯鱼	A. bicinctus
	查戈斯双锯鱼	A. chagosensis
	金腹双锯鱼	A. chrysogaster
	橙鳍双锯鱼	A. chrysopterus
	克氏双锯鱼	A. clarkii
	棕尾双锯鱼	A. fuscocaudatus
	侧带双锯鱼	A. latifasciatus
	三带双锯鱼	A. tricinctus
	阿曼双锯鱼	A. omanensis
红小丑类(*A.ephippium* complex)		
	红双锯鱼	A. rubrocinctus
	麦氏双锯鱼	A. mccullochi
	大眼双锯鱼	A. ephippium
	白条双锯鱼	A. frenatus
	巴伯双锯鱼	A. barberi
	黑双锯鱼	A. melanopus
§ *Paramphiprion* 亚属		
	宽带双锯鱼	A. latezonatus
	鞍斑双锯鱼	A. polymnus
	双带双锯鱼	A. sebae
§ *Phalerebus* 亚属		
	背纹双锯鱼	A. akallopisos
	白罩双锯鱼	A. leucokranos
	浅色双锯鱼	A. nigripes
	颈环双锯鱼	A. perideraion
	白背双锯鱼	A. sandaracinos
	希氏双锯鱼	A. thiellei
	太平洋双锯鱼	A. pacificus

· 棘颊雀鲷属（ *Premnas* ）Cuvier，1816

棘颊雀鲷	*P. biaculeatus*

　　海葵鱼标准的分类法和种类鉴定都是基于形态学特征，在实践上区分海葵鱼最主要的特征是体表颜色及花纹，其他能用于鉴定种类的特征包括牙齿形状、身体比例、头部鳞片形状等（Allen，1972；Fautin & Allen，1997）。条纹是海葵鱼重要的分类特征，根据成鱼阶段的条纹图案（图1.1），海葵鱼分为四类：没有垂直条纹的物种（a组）、有1个（头部）垂直条纹的物种（b组）、有2个垂直条纹（头部和躯干）的物种（c组）、有3个垂直条纹（头部、躯干和尾柄）的物种（d组）和具有条纹多态性的物种（e组）。

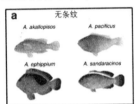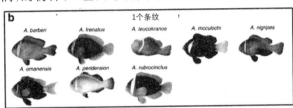

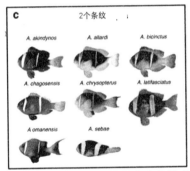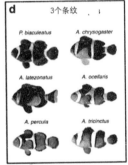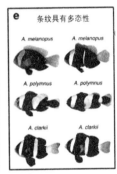

图 1.1　海葵鱼的成体颜色模式（Salis 等，2018）

　　（无条纹：*A. akallopisos*、*A. pacificus*、*A. ephippium*、*A. sandaracinos*；1个条纹：*A. barberi*、*A. frenatus*、*A. leucokranos*、*A. mcculochi*、*A. nigripes*、*A. omanensis*、*A. perideraion*、*A. rubrocinctus*；2个条纹：*A. akindynos*、*A. allardi*、*A. bicinctus*、*A. chagosensis*、*A. chrysopterus*、*A. latifasciatus*、*A omanensis*、*A. sebae*；3个条纹：*P. biaculeatus*、*A. chrysogaster*、*A. latezonatus*、*A. ocellaris*、*A. percula*、*A. tricinctus*；条纹多态性：*A. melanopus*、*A. polymnus*、*A. clarkii*）

　　不同种类海葵鱼形态特征差异不大，而且同种类海葵鱼形态也常常因为一些外在因素而发生变化，如其体表颜色及花纹会因地理隔离的不同生境而有所不同。此外，外部形态的判定也有可能因为鉴定者的主观意识而有不同的鉴定结果，增加了传统分类学鉴定的不确定性。要正确区分刚出生的仔鱼的具体种类则更不容易，因为许多不同种类海葵鱼在仔幼鱼阶段的形态很相似，不同种类间没有清晰可辨的形态学特征，且仔幼鱼和成鱼之间在体表颜色及花纹上有很大区别（Fautin & Allen，1997）。近年来分子生物学及生物化学技术的发展，使分析物种分类及亲缘关系的研究技术不断地被突破与改良，提供了更多依据来增加鉴别鱼种的客观性。Boonphakdee 和 Sawangwong（2008）通过限制性内切酶技术分析部分线粒体 DNA 序列以进行种间鉴别，使用限制性内切酶（BfuCI 和 RsaI）对线粒体 16S rRNA 进行酶切获得一个长 623 bp 基因片段，基本上可以将海葵鱼区分到亚属水平；而使用限制性内切酶（BfuCI 和 RsaI）酶切细胞色素 b 可获得一个长为 786 bp 基因片段，可以将海葵鱼区分到种的水平。

Allen（1972）认为双锯鱼亚属特别是双带小丑类具有分布范围广、游泳能力强、对海葵依赖性较弱、能与较多海葵共生以及其体型与其他雀鲷科鱼类较相似等特性，因而推测它们是比较靠近雀鲷科进化主干的一支，双带小丑类群是海葵鱼系统发生的基础谱系（即在该属的进化中第一次主要的分裂，图 1.2）。

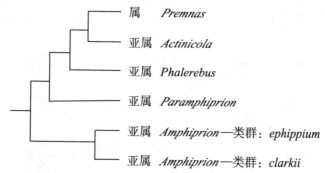

图 1.2　基于形态学的海葵鱼亚科进化关系（Allen，1972；Allen，1991）

但是随后的多个研究工作对这种分类方案提出了质疑，认为海葵鱼是单起源发生的，即棘颊雀鲷也是伴随眼斑双锯鱼单起源发生的。Elliott 等（1999）通过对不同类群的代表种进行分子亲缘关系分析，首先对传统的海葵鱼进化关系提出异议，同时认为各种能力最强的海葵鱼（克氏双锯鱼）不是海葵鱼分类学上分子亲缘关系的基础谱系，而是和其他雀鲷科鱼类相似，都是趋同进化的结果，棘颊雀鲷和眼斑双锯鱼才是该分类群的基础谱系（图 1.3）。

Quenouille 等人在 2004 年对棘颊雀鲷属进行更大范围的研究之后，发现了多种新的亲缘关系，这要归功于几个新物种的加入，以及首次使用了一个核基因（RAG1），以及两个新的线粒体基因（ATPase6 和 ATPase8），结果也是建议将棘颊雀鲷属与双锯鱼属放在一个进化分支。Santini 和 Polacco（2007）年通过对 23 种海葵鱼 3 个线粒体区域基因的

（细胞色素 b 基因、16S rRNA 基因和线粒体 D-loop）分析，运用贝叶斯法和最大简约法重建海葵鱼亚科分子亲缘关系，结果也支持海葵鱼亚科单起源演化的说法，认同海葵鱼亚科应重新分类，取消棘颊海葵鱼属。瑞士洛桑大学的 Glenn Litsios 在 2012—2014 年发表了 4 篇海葵鱼的分子进化文章，以 6 个线粒体基因和 3 个核基因为基础构建整个雀鲷科的系统发育树，可能提供迄今为止最详尽和最可靠的研究工作。但是他的一系列研究结果不断的出现各种反常现象，例如一项研究结果表明宽带双锯鱼是最早分化的海葵鱼谱系，其次才是熟悉的眼斑双锯鱼和棘颊雀鲷的分支以及全能的克氏双锯鱼。但是在他随后的另一项研究中（7 个核基因），宽带双锯鱼起源于眼斑双锯鱼和克氏双锯鱼之间。在接着的研究过程中发现分别采用线粒体基因和核基因分析某些种类的海葵鱼，其分类地位会不断发生变化，这种核质不协调的现象在海葵鱼中非常普遍，暗示了海葵鱼在进化过程中存在非常广泛的杂交现象（图 1.4）

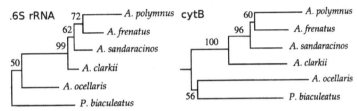

图 1.3　基于线粒体 DNA 的进化分析（Elliot 等，1999）

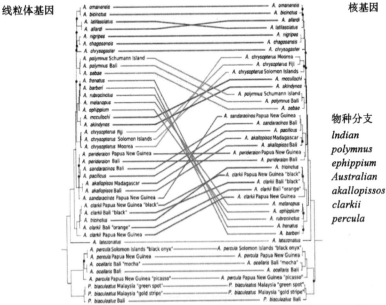

图 1.4　线粒体基因与核基因进化分析比较（Litsios 等，2014）

所有这些来自不同作者的分类重建工作都未能确切地描述海葵双锯鱼或眼斑双锯鱼和棘颊雀鲷的关系，仍然没能在双锯鱼属内给予棘颊雀鲷明确的定位，所以目前还是沿用传统的分类法。

海葵鱼在漫长的进化过程中出现连续的条纹丢失。图1.5是以海葵鱼系统发育树制作的进化过程中条纹丢失的特征图谱，该图谱表明，白色条纹图案的多样化是一种具有3条条纹的海葵鱼祖先的损失历史，这些损失是以从尾部到吻部的渐进和顺序的方式发生的。发育树顶端的圆圈表示每个物种的条纹图案，每个内部节点处的圆圈表示祖先条纹图案的概率。

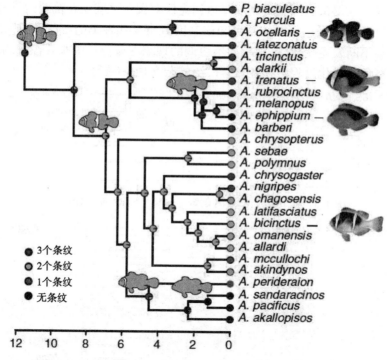

图1.5 以海葵鱼系统发育树制作的进化过程中条纹丢失的特征图谱（标尺单位：百万年）

海葵鱼生活在印度太平洋海域，30种海葵鱼生活在从东非到法属波利尼西亚以及从日本到澳大利亚东部的珊瑚礁之间，其中以新几内亚北岸俾斯麦海域（Bismarck Sea）里的种类多样性最为集中。可能是幼鱼期短暂的原因，许多种类的分布受到限制，但有些种类的海葵鱼在印度洋和太平洋珊瑚礁海域都有分布。双带小丑类群的物种分布最为广泛，从印度洋、太平洋的热带海域一直到日本海岸线附近的温带海域，从西澳大利亚的冷水域到波斯湾热带水域,从非洲东海岸到法属波利尼西亚的土阿莫土群岛,从红海到澳大利亚豪勋爵岛也都有分布。由于海葵鱼与海葵共生的特性,而海葵又需要强烈的阳光照射,因此海葵鱼生活在浅水海域。不同种类的海葵鱼分布范围见图 1.6 ~ 图 1.16。

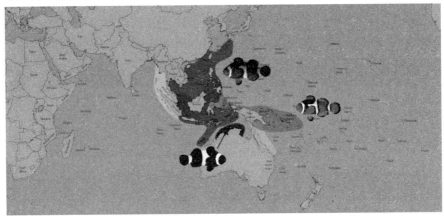

图 1.6　眼斑双锯鱼群组 *A. ocellaris*-group 的分布范围

（眼斑双锯鱼群组 A. ocellaris-group 包括眼斑双锯鱼 A. ocellaris 和它的 2 个近似地理种群 "Indonesia"、"Northern" 以及海葵双锯鱼 A. percula。图片来源：https : // amphiprionology.wordpress.com/2016/09/11/amphiprion-ocellaris-group/ ）

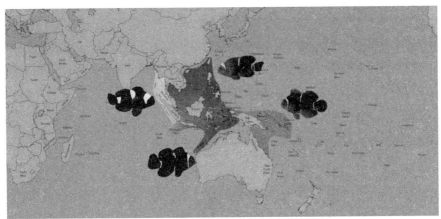

图 1.7　棘颊雀鲷群组 *P. biaculeatus*-group 的分布范围

（棘颊雀鲷群组 P. biaculeatus-group 包括棘颊雀鲷 A. biaculeatus 和它的近似地理种群 "Northern" 以及 A. epigrammata 、A. gibbosus。图片来源：https : // amphiprionology.wordpress.com/2016/09/11/amphiprion-biaculeatus-group/ ）

图 1.8　宽带双锯鱼群组 *A. latezonatus*-group 的分布范围

（宽带双锯鱼群组 *A. latezonatus*-group 仅包括宽带双锯鱼 *A. latezonatus* 一个种，该种具有一个相对较长和孤立的进化史。图片来源：https://amphiprionology.wordpress.com/2016/08/29/amphiprion-latezonatus-group/）

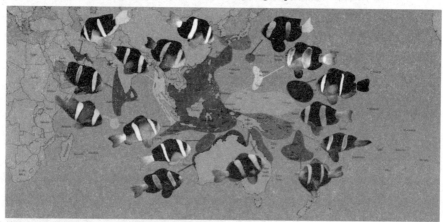

图 1.9　克氏双锯鱼群组 *A. clarkii*-group 的分布范围

（克氏双锯鱼群组 *A. clarkii*-group 包括克氏双锯鱼 *A. clarkii* 和它的多个近似地理种群 "Andaman" "Arabia" "Barrier Reef" "Caroline" "Chagos" "Indonesia" "Mariana" "New Caledonia" "Rowley Shoals"、*A. japonicus*、*A. milii*、*A. papuensis*、*A. snyderi* 以及三带双锯鱼 *A. tricinctus*。图片来源：https://amphiprionology.wordpress.com/2016/08/23/maps-the-amphiprion-clarkii-group/）

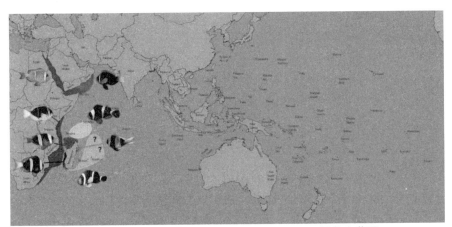

图 1.10　二带双锯鱼群组 *A. bicinctus* -group 的分布范围

（二带双锯鱼群组 *A. bicinctus* -group 包括二带双锯鱼 *A. bicinctus*、阿氏双锯鱼
A. allardi、金腹双锯鱼 *A. chrysogaster*、棕尾双锯鱼 *A. fuscocaudatus*、阿曼双锯鱼 *A.
omanensis* 以及侧带双锯鱼 *A. latifasciatus* 和它的两个近似群体"白边"和"黄边"。
图片来源：https：//amphiprionology. wordpress.com/2016/09/10/amphiprion-bicinctus-
group/ ）

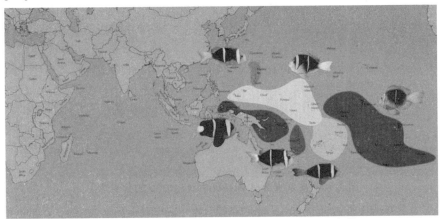

图 1.11　橙鳍双锯鱼 *A. chrysopterus*-group 的分布范围

（橙鳍双锯鱼 *A. chrysopterus*-group 包括橙鳍双锯鱼 *A. chrysopterus* 和它的 5
个近似种"Blackfin""Fiji""Mariana""Polynesia""Vanuatu"。图片来源：https：//
amphiprionology.wordpress.com/2016/09/10/amphiprion-chrysopterus-group/ ）

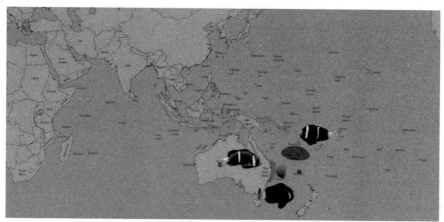

图 1.12　大堡礁双锯鱼 *A. akindynos*-group 的分布范围

（大堡礁双锯鱼 *A. akindynos* 和它的近似种 "New Caledonia" 以及麦氏双锯鱼 *A. mccullochi*。图片来源：https://amphiprionology.wordpress.com/2016/09/10/amphiprion-akindynos-group/）

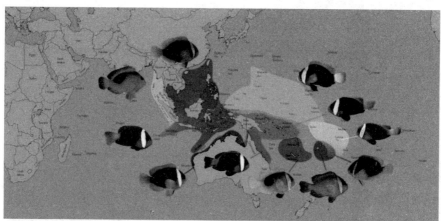

图 1.13　黑双锯鱼 *A. melanopus*-group 的分布范围

（黑双锯鱼 *A. melanopus*-group 包括黑双锯鱼 *A. melanopus* 和它的 5 个近似种 "Australia" "Caledonia" "Melanesia" "Micronesia" "Samoa" 以及巴伯双锯鱼 *A. barberi*、大眼双锯鱼 *A. ephippium*、白条双锯鱼 *A. frenatus*、红双锯鱼 *A. rubrocinctus*。图片来源：https://amphiprionology.wordpress.com/2016/09/11/amphiprion-melanopus-group/）

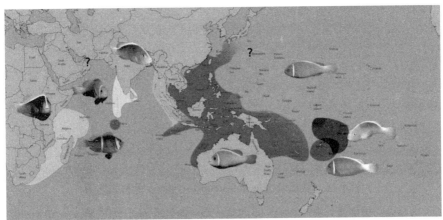

图 1.14　颈环双锯鱼 *A. perideraion*-group 的分布范围

（颈环双锯鱼 *A. perideraion*-group 包括颈环双锯鱼 *A. perideraion* 和它的近似地理种群 "Fiji" "Micronesia"，背纹双锯鱼 *A. akallopisos* 和它的地理种群 "Africa" 以及查戈斯双锯鱼 *A. chagosensis*、浅色双锯鱼 *A. nigripes*、太平洋双锯鱼 *A. pacificus*。图片来源：https://amphiprionology.wordpress.com/2016/09/11/amphiprion-perideraion-group/）

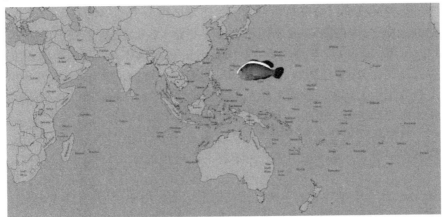

图 1.15　白背双锯鱼 *A. sandaracinos*-group 的分布范围

（白背双锯鱼 *A. sandaracinos*-group 仅包括白背双锯鱼 *A. sandaracinos* 一种。图片来源：https://amphiprionology.wordpress.com/2016/09/11/amphiprion-sandaracinos-group/）

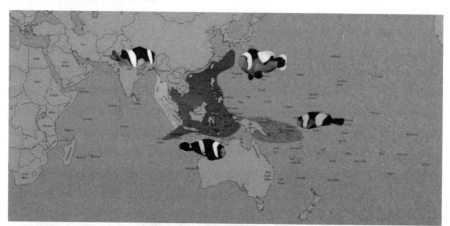

图 1.16 鞍斑双锯鱼 *A. polymnus*-group 的分布范围

（鞍斑双锯鱼 *A. polymnus*-group 包括鞍斑双锯鱼 *A. polymnus*、*A. annamensis*（鞍斑双锯鱼同种异名）、*A. laticlavius*（鞍斑双锯鱼同种异名）、双带双锯鱼 *A. sebae* 4 种。图片来源：https://amphiprionology.wordpress.com/2016/09/11/amphiprion-polymnus-group/）

海葵鱼物种形成和发散地应该是"珊瑚三角地带"，经度上介于菲律宾和大堡礁之间，纬度上介于印尼的苏门答腊岛和美拉尼西亚（西南太平洋群岛）之间；理由为该区域海葵鱼种类丰富，且分布于该区域的种类位于进化树的根部。海葵鱼物种起源时间可运用分子钟（Molecular Clock）的方法确定，即根据 Cytb 基因每百万年变异 1% ~ 2.5% 来确定。据此，Elliott 等（1999）计算海葵鱼（海葵双锯鱼和棘颊雀鲷）起源于 5 ~ 13 百万年间，与蝴蝶鱼科（Chaetodontidae）鱼类起源时间大致相同，其他海葵鱼分化于上新世晚期或上新世至更新世之间；而 Timm 等（2008）研究认为海葵双锯鱼大概起源于 170 ~ 172 百万年前。

海平面变化造成地理隔离在海葵鱼进化中可能起到最主要的作用。更新世时期由于海平面下降，伴随着不断增加的冰川作用，造成物种在海洋盆地之间迁移的障碍。居住于印度洋的原始海葵鱼进化成背纹双锯鱼，而居住在太平洋及太平洋分割的海洋盆地如南中国海、苏陆海和苏拉威西海的原始海葵鱼经异域物种形成方式进化成颈环双锯鱼和白背双锯鱼。当然，它们之间的进化除了分区物种形成方式外，也不排除同域物种形成方式。因为白背双锯鱼和颈环双锯鱼有相似的分布格局（后者分布范围更广），这 2 个种类表现出对宿主适应能力的不同，颈环双锯鱼适应能力更强，与 4 个种类的海葵共生，而白背双锯鱼只与 2 种海葵共生。

杂交也可能在海葵鱼进化中具有重要作用。Fautin 和 Allen（1997）认为白罩双锯鱼可能是金腹双锯鱼和白背双锯鱼的杂交后代。因为最初在自然海区没有发现该种类配对亲鱼,而经常发现白罩双锯鱼和金腹双锯鱼或白背双锯鱼生活在一起;而从颜色和白条纹的变异似乎支持这一假设。但 Santini 和 Polacco（2006）在所罗门群岛发现几对白罩双锯鱼亲鱼,而没有发现白罩双锯鱼和金腹双锯鱼或白背双锯鱼生活在一起,从而认为白罩双锯鱼是一个真实的种类。其他可能的自然杂交海葵鱼物种还有希氏双锯鱼和巴伯双锯鱼。希氏双锯鱼可能是白背双锯鱼和眼斑双锯鱼杂交后代;而巴伯双锯鱼也被认为是黑双锯鱼和颈环双锯鱼的杂交后代。

第二节 海葵鱼种类特征

一、双锯鱼属

（一）*Actinicola* 亚属

1. 眼斑双锯鱼 *Amphiprion ocellaris*（Cuvier，1830）
俗名（别名）：
公子小丑、小丑仔、皇帝娘、眼斑海葵鱼、尼莫
英文俗名：
Common clownfish；Clown anemonefish；False clown anemonefish；Nemo
地理分布：
分布于发现的印度洋东部 – 西太平洋区,主要是安达曼海至菲律宾,北至琉球群岛,南至澳洲西北部。我国北至台湾海峡南至南海海域也有分布,但在海南岛近海尚未发现。
形态学特征：
体呈椭圆形而侧扁,标准体长 / 体高 1.8 ~ 2.2。吻短而钝。眼中大,上侧位。口小,上颌骨末端不及眼前缘;齿单列,圆锥状。眶下骨及眶前骨具放射性锯齿;各鳃盖骨后缘皆具锯齿。体被细鳞;侧线之有孔鳞片 34 ~ 48 个。背鳍单一,鳍条部不延长而略呈圆形,鳍棘 X–XI,鳍条 13 ~ 17;臀鳍鳍棘 II,鳍条 11 ~ 13;胸鳍鳍条 15 ~ 18;雄、雌鱼尾鳍皆呈圆形。体色一般呈橘红色,体侧有 3 条白色宽带,分布于眼后、背鳍下方和尾柄处。眼后白带呈半圆弧形,背鳍下方的白带呈三角形,尾柄上为垂直白带,幼鱼没此带（Fautin 和 Allen,1997,见图 1.17）。

图 1.17　眼斑双锯鱼（*A. ocellaris*）

（图片来源：By Metatron – Own work，CC BY–SA 3.0，https：//commons.wikimedia.org/
w/index.p hp?curid=1627207）

体色变异：

眼斑双锯鱼体色一般呈橘红色，但也有发现其他不同的体色变异，这取决于它们所在的位置。例如，黑色眼斑双锯鱼体呈黑色，体侧仍然具有3条白色条带。该鱼可以在澳大利亚北部、东南亚、日本等地海域附近找到。另外，橙色或红棕色公子小丑与类似的3条白色带在身体和头部的变异种也存在（Allen 等，2009）。

相似种鉴别：

眼斑双锯鱼与海葵双锯鱼非常相似，体色和斑纹几乎一致，经常混淆，眼斑双锯鱼背鳍鳍棘数为 10 ~ 11，而海葵双锯鱼背鳍鳍棘数为9 ~ 10。

栖息生态：

主要栖息于舄湖及珊瑚礁区，栖息深度可达约 15 m。和海葵具共生行为，喜欢共生的海葵有壮丽双辐海葵（*Heteractis Magnifica*）、巨型列指海葵（*Stichodactyla gigantea*）和莫氏列指海葵（*Stichodactyla mertensii*）（Fautin & Allen，1997）。

2. 海葵双锯鱼 *Amphiprion percula*（Lacepède，1802）

俗名（别名）：

黑边公子小丑、公子小丑、宿雾公子

英文名：

Orange clownfish；percula clownfish；clown anemonefish

地理分布：

海葵双锯鱼（*A. percula*）分布于太平洋和印度洋温度较高的海区，包括澳洲北部、东南亚和日本等海域（Elliott 和 Mariscal，2001）。

形态特征：

鱼体侧扁，口小。体色为橘色，在头部、躯干部和尾部，有 3 条镶黑边的白色条纹，头部白色条纹位于眼后，躯干部白色条纹位于鱼体中间，尾部白色条纹位于尾柄处，鱼鳍边也有镶黑边，雌雄色泽几乎无差异。背鳍鳍棘 IX–X，鳍条 14 ～ 17；臀鳍鳍棘 II，鳍条 11 ～ 13。平均个体全长 8 cm，最大可达 11 cm。中间的条形存在前凸出。除了白色条纹上着有黑边外，每个鳍的边缘轮廓均镶有不同厚度的黑边（Fautin 和 Allen，1997）。（图 1.18）

图 1.18　海葵双锯鱼（*A. percula*）

（图片来源：By CrisisRose – Own work，CC BY-SA 3.0，https：//commons.wikimedia. org/w/index.php?c urid=192 63086）

相似种鉴别：

因为体色和斑纹相似，海葵双锯鱼常常与眼斑双锯鱼混淆，眼斑双锯鱼被称为公子小丑，有时称为"假公子小丑""普通公子"。区分这两个物种的最简单的方法是海葵双锯鱼背鳍鳍棘数 9 ～ 10，而眼斑双锯鱼 10 ～ 11，从体色斑纹来看，眼斑双锯鱼的鳍没有粗的黑色边缘轮廓。

栖息生态：

生活于浅水区，一般深度不超过 12 m，适合水温介于 25 ～ 28℃。海葵双锯鱼和颈环双锯鱼都生活在壮丽双辐海葵（*Heteractis magnifica*）中，但海葵双锯鱼对巨型列指海葵（*Stichodactyla gigantea*）的选择比值最高。由 Elliot 和 Mariscal 做的研究表明，巴布亚新几内亚调查发现的所有壮丽双辐海葵都被海葵双锯鱼和颈环双锯鱼占领了（Elliott 等，1995）。海葵双锯鱼通常占据靠近岸边的海葵，而颈环双锯鱼则占据更近海的海葵。但是太浅的水域不是海葵鱼的适宜居住环境，因为浅水区域的海葵一般个体太小，而小海葵不会给海葵鱼提供保护免受捕食的环境；此外，浅水区盐度较低，温度升高，退潮时容易暴露在空气中。

（二）*Amphiprion* 亚属

双带小丑类（*A.clarkii* complex ）
3. 大堡礁双锯鱼 *Amphiprion akindynos*（Allen，1972 ）
俗名（别名）：
大堡礁双带小丑、双带小丑、新娘
英文名：
Barrier reef Anemonefish
分布范围：
分布在西太平洋的珊瑚礁海域，分布范围包括澳大利亚东部（大堡礁和珊瑚海，以及新南威尔士北部）、新喀里多尼亚以及罗亚尔特群岛（Loyalty Islands ）一带海域。亚热带，南纬 10° ~ 32°。
形态特征：
背鳍鳍棘 X–XI，背鳍鳍条 14 ~ 17；臀鳍鳍棘 II，臀鳍鳍条 13 ~ 14（Allen 1991 ）。成鱼体成棕褐色，眼睛前方灰红色，眼睛后方具一镶黑缘至白色宽环带，背鳍中段至肛门间另具一镶黑缘之白环带。背鳍棕褐色，胸鳍、腹鳍和臀鳍均为棕黄色，尾柄和尾鳍白色（Fautin 和 Allen，1997 ）。
体形尺寸：
最大个体 9 cm。（图 1.19 ）

图 1.19　大堡礁双锯鱼（*A. akindynos*）

（图片来源：By Leonard Low from Australia – Flickr, CC BY 2.0, https: //commons. wikimedia.org/w/ index.php?curi d= 1554024 ）

相似种辨别：

大堡礁双锯鱼与阿氏双锯鱼（*A. allardi*）以及橙鳍双锯鱼（*A. chrysopterus*）较为相似，后两者为黄黑色；在体中央的白带方面，前者为跨越背鳍的环带，而后两者的白带只达至背鳍基部，并不向上穿越。除此之外，大堡礁双带小丑与其他双带小丑族群的最大区别在于尾鳍的颜色，前者为一致白色，后者则为黄色，很容易分辨。

栖息生态：

栖息于泻湖和外礁区水深 1～25 m 的水域，与四色篷锥海葵（奶嘴海葵）（*Entacmaea quadricolor*）、串珠双辐海葵（念珠海葵）（*Heteractis aurora*）、卷曲异辐海葵（紫点海葵）（*Heteractis crispa*）、壮丽双辐海葵（公主海葵，*Heteractis magnifica*）、汉氏列指海葵（白地毯海葵，*Stichodactyla haddoni*）以及莫氏列指海葵（莫顿地毯海葵）（*Stichodactyla mertensii*）共生（Fautin 和 Allen，1997）。

4. 阿氏双锯鱼 *Amphiprion allardi*（Klausewitz，1970）

俗名（别名）：

无

英文名：

Allard's clownfish；Allard's anemonefish

地理分布：

分布于西印度洋：肯尼亚至德班，南非，东至毛里求斯（Fautin & Allen，1997）。

形态学特征：

背鳍鳍棘 X–XI，背鳍鳍条 15～17；臀鳍鳍棘 II，臀鳍鳍条 15～17（Allen，1991）。成鱼深棕色到黑色，有两个白色的条纹，黑色的边缘环绕着身体。尾鳍白色，其余鳍橙色。最大个体可以达到 15 cm。（图 1.20）

相似种鉴别：

阿氏双锯鱼和橙鳍双锯鱼（*A. chrysopterus*）（图 1.21）几乎相同，非常难分辨，一般只能以它们的地理位置不同去区分。阿氏双锯鱼与附近的侧带双锯鱼（*A. latifasciatus*）相似，但是侧带双锯鱼有一个黄色的叉尾鳍（Fautin 和 Allen，1997）（图 1.22）。

栖息生态：

共生海葵为四色篷锥海葵（奶嘴海葵，*Entacmaea quadricolor*）、串珠双辐海葵（念珠海葵，*Heteractis aurora*）和莫氏列指海葵（莫顿地毯海葵，*Stichodactyla mertensii*）（Fautin 和 Allen，1997）。

图 1.20　阿氏双锯鱼（*A. allardi*）

（图片来源：By Amada44 – Own work，CC BY 3.0，https：//commons.wikimedia.org/w/index.php?curid=16238135）

图 1.21　橙鳍双锯鱼（*A. chrysopterus*）

（图片来源：By LuxTonnerre – Flickr：Palau_2008030818_p1020630，CC BY 2.0，https：//commons.wikimedia.org/w/index.php?curid=24518409）

图 1.22　侧带双锯鱼（*A. latifasciatus*）（示黄色叉尾鳍）

（图片来源：By alKomor.com – P4201103 on Flickr，CC BY–SA 2.0，https：//commons.wikimedia.org/w/index.php?curid=10372841）

5. 二带双锯鱼 *Amphiprion bicinctus*（Ruppell，1830）

俗名（别名）：

红海双带小丑

英文名：

Red Sea clownfish；Two band Anemonefish

地理分布：

分布范围为西印度洋、红海和查戈斯群岛（Chagos Archipelago，印度洋中部）一带海域。热带，北纬31°～南纬7°（Fautin 和 Allen，1997）。

生物特征：

背鳍鳍棘IX–X，背鳍鳍条15～17；臀鳍鳍棘II，臀鳍鳍条13～14。成鱼体呈黄色至橙黄色，背部颜色较深。体侧具两个白色条纹，其中眼睛后方具一镶黑边之白色半环带，向下延伸至鳃盖下方；背鳍中段至肛门间另具一较窄的镶黑边之白竖带。身体各鳍与体色一致或稍淡。体色变异主要是身体颜色从黄橙色到深褐色（Allen，1991）（图1.23）。

体形尺寸：

雌鱼最大个体14 cm，雄鱼最大全长9 cm。

相似种辨别：

和其他大多数双带小丑类（*A.clarkii* complex）海葵鱼一样，二带双锯鱼具有两条白色条纹，与其他双带小丑类的海葵鱼的辨别一般可以通过二带双锯鱼黄色尾鳍进行区分，如阿氏双锯鱼、大堡礁双锯鱼等尾鳍是白色的，侧带双锯鱼（*A. latifasciatus*）和克氏双锯鱼（*A. clarkii*）一些变种尾鳍也是黄色的，然而克氏双锯鱼尾鳍基底颜色还是白色的，而且光暗界限明显（图1.24），而侧带双锯鱼身体中部的条纹比二带双锯鱼宽得多，而且是叉状尾鳍。另外，二带双锯鱼与查戈斯双锯鱼（*A. chagosensis*）较为相似，不同之处在于后者的体色偏橙色，而前者则偏黄色。此外，后者的体型较长而窄，而前者则较短而宽，不难分辨（图1.25）。

栖息生态：

栖息于潟湖和外礁区水深1～30 m的水域，通常成对生活，行一夫一妻制。与四色篷锥海葵（奶嘴海葵，*Entacmaea quadricolor*）、串珠双辐海葵（念珠海葵，*Heteractis aurora*）、卷曲异辐海葵（紫点海葵，*Heteractis crispa*）、壮丽双辐海葵（公主海葵，*Heteractis magnifica*）以及巨型列指海葵（长须地毯海葵，*Stichodactyla gigantea*）共生（Fautin 和 Allen，1997）。研究表明，二带双锯鱼对四色篷锥海葵（奶嘴海葵）的喜爱程度远超卷曲异辐海葵（紫点海葵），没有发现性成熟的二带双锯鱼与卷曲异辐海葵共生,海区里卷曲异辐海葵密度较高时,没有或只有1尾海葵鱼和卷曲异辐海葵共生,而卷曲异辐海葵密度较低时,也只发现性腺未成熟的二带双锯鱼幼鱼与其共生,可能因为卷曲异辐海葵未能给海葵鱼足够的保护使其免受敌害捕食,迫使成熟的海葵鱼离开寻找其他海葵共生去繁衍后代,或因该环境因素使其生长停滞不能成熟(Chadwick 和 Arvedlund,2005;Huebner 等,2012)。

图1.23 二带双锯鱼(*A. bicinctus*)

(图片来源: CC BY-SA 3.0, https: //commons.wikimedia.org/w/index.php?curid=708494)

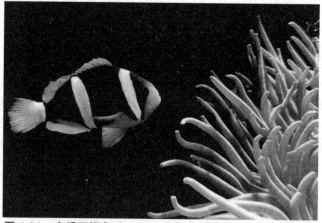

图1.24 克氏双锯鱼(*A. clarkii*)黄色尾鳍和白色尾鳍基部

(图片来源: CC BY-SA 2.5, https: //commons.wikimedia.org/w/index.php?curid=146337)

图 1.25 侧带双锯鱼（*A. latifasciatus*）叉状尾鳍

（图片来源：By alKomor.com – P4201103 on Flickr, CC BY-SA 2.0, https://commons.
wikimedia.org/w/index.php?curid=10372841）

6. 查戈斯双锯鱼 *Amphiprion chagosensis*（Allen, 1972）

俗名（别名）：

查戈斯双带小丑

英文名：

Chagos Anemonefish

地理分布：

分布在西印度洋的珊瑚礁海域，分布范围仅在查戈斯群岛（Chagos
archipelago）一带海域。热带，南纬 5° ~ 7°。

形态学特征：

背鳍鳍棘 X–XI，背鳍鳍条 15 ~ 17；臀鳍鳍棘 II，臀鳍鳍条 13 ~ 14。
成鱼体呈橙黄色，眼睛后方具一镶黑边之白色半环带，向下延伸至鳃盖下
方；背鳍中段至肛门间另具一较窄的镶黑边之白竖带。身体各鳍与体色
一致或稍淡。个体最大可达 10 cm（Allen, 1991）（图 1.26）。

相似种鉴别：

查戈斯双锯鱼主要以地理位置区分，类似的物种大多有地理上的分
离，大堡礁双锯鱼（*A. akindynos*）被发现在大堡礁和珊瑚海，而阿氏双锯
鱼（*A. allardi*）在东非。查戈斯双锯鱼（*A. chagosensis*）被发现在红海，
但在查戈斯与查戈斯双锯鱼重叠分布。查戈斯双带小丑与二带双锯鱼较
为相似，不同之处在于前者的体色偏橙色，而后者则偏黄色。此外，前者
的体型较长而窄，而后者则较短而宽，另外，查戈斯双锯鱼有一个较窄的
头条和一个白色的尾鳍。

栖息生态：

栖息于面海珊瑚礁斜坡水深 10 ~ 25 m 的水域，偶尔会生活在潟

湖和礁区顶部区域。对其共生海葵不是很清楚,但已知和多琳巨指海葵(*Macrodactyla doreensis*)、四色篷锥海葵(*Entacmaea quadricolor*)、壮丽双辐海葵(*Heteractis magnifica*)以及莫氏列指海葵(*Stichodactyla mertensii*)共生(Fautin & Allen, 1997)。

图 1.26　查戈斯双锯鱼(*A. chagosensis*)

(图片来源: By Jon Slayer – Chagos Conservation Trust, CC BY 3.0, https: //commons. wikimedia.org/w/ index.php?curid=42859325)

7. 金腹双锯鱼 *Amphiprion chrysogaster*(Cuvier, 1830)

俗名(别名):

毛里求斯三带小丑

英文名:

Mauritian Anemonefish

地理分布:

分布范围仅在印度洋毛里求斯(Mauritius, 非洲岛国)一带海域。热带,南纬 19° ~ 21°(Fautin & Allen, 1997)。

形态学特征:

背鳍鳍棘 X, 背鳍鳍条 16 ~ 17; 臀鳍鳍棘 II, 臀鳍鳍条 13 ~ 14(Allen, 1991)。成鱼体呈椭圆形而侧扁,吻短而钝。眼中大,上侧位。口大,上颌骨末端不及眼前缘; 齿单列,齿端具缺刻。背鳍单一,鳍条部延长而钝圆形; 尾鳍呈圆形,上下叶外侧鳍条不延长呈丝状。成鱼鱼体深黑色,喉峡部和胸腹部均为黄色。体侧具 3 条白色竖带,分别在眼睛后方、体侧中央以及尾柄上。胸鳍和腹鳍黄色,背鳍和尾鳍黑色,臀鳍黑色或黄色。

体形尺寸:

最大个体 15 cm(图 1.27)。

体色变异:

与莫氏列指海葵(*Stichodactyla mertensii*)共生时,一般有黑色变异,即身体除了 3 条白条纹外均为黑色。

相似种鉴别:

金腹双锯鱼与棕尾双锯鱼(*A. fuscocaudatus*)以及三带双锯鱼(*A. tricinctus*)较为相似,金腹双锯鱼和棕尾双锯鱼(*A. fuscocaudatus*)可以根据位置分布和背鳍鳍棘的数量以及比较尾鳍颜色来区分,金腹双锯鱼尾鳍纯黑而棕尾双锯鱼尾鳍有棕色条纹(图 1.28)。三带双锯鱼(*A. tricinctus*)也以可通过地理分布区分,三带双锯鱼只在太平洋的马绍尔群岛上发现,金腹双锯鱼分布于印度洋毛里求斯,金腹双锯鱼与三带双锯鱼的形态上的区别在于后者体色为棕褐色,体中间的白带只达背鳍基部,且尾柄上的白色环带较窄。

栖息生态:

栖息于潟湖和外礁区水深 2 ~ 40 m 的水域,与串珠双辐海葵(念珠海葵)(*Heteractis aurora*)、多琳巨指海葵(*Macrodactyla doreensis*)、汉氏列指海葵(*Stichodactyla haddoni*)以及莫氏列指海葵(*Stichodactyla mertensii*)共生(Fautin 和 Allen,1997)。

图 1.27 金腹双锯鱼(*A. chrysogaster*)

(图片来源:By eric – http://picasaweb.google.com/lh/photo/35A7k3loakRHZyf0I2BGVA,CC BY 3.0, https://commons.wikimedia.org/w/index.php?curid=9857060)

8. 橙鳍双锯鱼 *Amphiprion chrysopterus*(Cuvier,1830)

俗名(别名):

太平洋双带小丑、蓝纹海葵鱼

英文名:

Orangefin Anemonefish

地理分布:

分布在太平洋的珊瑚礁海域,分布范围包括澳洲昆士兰和新几内亚至马绍尔群岛(Marshall Islands)和土木土群岛(Tuamoto Islands)一带海域。热带,北纬 15°~南纬 15°(Fautin 和 Allen,1997)(图 1.29)。

图 1.28 棕尾双锯鱼(*A. fuscocaudatus*)

(图片来源:By Greg Tee – originally posted to Flickr as Seychellen 2008 373,CC BY 2.0, https://commons.wikimedia.org/w/index.php?curid=10025634)

形态特征:

背鳍鳍棘 X–XI,臀鳍鳍棘 II,臀鳍鳍条 13~14(Allen,1991)。成鱼体呈椭圆形而侧扁,吻短而钝。眼中大,上侧位。口大,上颌骨末端不及眼前缘;齿单列,齿端具缺刻。背鳍单一,鳍条部延长而钝圆形;尾鳍呈截形,上下叶外侧鳍条不延长呈丝状。成鱼体呈红褐色/棕黑色,胸腹部和臀部黄色。眼睛后方具一蓝白色半环带,向下延伸至鳃盖下方且向下收窄;背鳍中段至肛门间另具一较窄的蓝白竖带。胸鳍和背鳍黄色,腹鳍和臀鳍黑色,尾柄和尾鳍蓝白色。最大个体 17 cm。

体色变异:

通常与莫氏列指海葵(*Stichodactyla mertensii*)共生时呈黑色。棕色雄鱼和幼鱼与卷曲异辐海葵(*Heteractis crispa*)共生。只有橘红或棕色幼鱼与串珠双辐海葵(*Heteractis aurora*)共生(Fautin 和 Allen,1997)。

相似种鉴别:

橙鳍双锯鱼容易与大堡礁双锯鱼(*A. akindynos*)、阿氏双锯鱼以及克氏双锯鱼(*A. clarkii*)混淆,这三个种地理分布上也是重叠的。橙鳍双锯鱼与大堡礁双锯鱼区别在于大堡礁双锯鱼的体色为一致棕褐色,且体中央的白带为跨越背鳍的环带,而橙鳍双锯鱼则为黄黑色,且白带只达至背鳍基部,并不向上穿越;橙鳍双锯鱼与阿氏双锯鱼非常难区分,橙鳍双锯鱼体色似乎更深更黑,阿氏双锯鱼黄色臀鳍的基部有少许黑色。而克氏双锯鱼的中部条纹和尾部条纹比橙鳍双锯鱼更宽。除此之外,橙鳍双锯鱼与其他双带小丑族群的最大区别在于尾鳍的颜色,前者为一致白色,其他双带小丑族群则为黄色,较容易区分。

栖息生态:

栖息于礁通道和外礁斜坡水深 1 ~ 30 m 的水域,与四色篷锥海葵
(*Entacmaea quadricolor*)、串珠双辐海葵(*Heteractis aurora*)、卷曲异辐
海葵(*Heteractis crispa*)、壮丽双辐海葵(*Heteractis magnifica*)、汉氏列指
海葵(*Stichodactyla haddoni*)和莫氏列指海葵(*Stichodactyla mertensii*)
(Fautin 和 Allen,1997)以及多琳巨指海葵(*Macrodactyla doreensis*)共
生(Ollerton, McCollin, et al. 2007)。主要以浮游生物、桡脚类动物、海藻
以及无脊椎动物为食。

图 1.29　橙鳍双锯鱼（*A. chrysopterus*）

（图片来源: By LuxTonnerre – Flickr: Palau_2008030818_p1020630, CC BY 2.0,
https://commons.wikimedia.org/ w/ index.php?curid=24518409）

9. 克氏双锯鱼 *Amphiprion clarkii*（J. W. Bennett，1830）

俗名（别名）:

双带海葵鱼、小丑仔(澎湖)、皇帝娘(澎湖)、贪吃公(澎湖)、克氏海葵鱼

英文名:

Sea bee；Yellowtail clownfish；Chocolate clownfish；Clark's
anemonefish；Black clown；Clarcki's clown；Brown anemonefish

地理分布:

克氏双锯鱼是世界上分布最广的海葵鱼,几乎有海葵鱼的地方就有
它。分布于印度 – 西太平洋区,由波斯湾到密克罗尼西亚,包括印度 – 澳
洲群岛,北至我国台湾及日本南部(Fautin 和 Allen,1997)。我国广东、海
南和台湾各地珊瑚礁区均有分布。

形态特征:

体呈椭圆形而侧扁,标准体长为体高之1.7 ~ 2.0倍,粗壮。吻短而钝。

眼中大，上侧位。口小，上颌骨末端不及眼前缘；齿单列，圆锥状。眶下骨及眶前骨具放射性锯齿；各鳃盖骨后缘皆具锯齿。体被细鳞；侧线之有孔鳞片 34 ~ 35 个。背鳍单一，鳍条部不延长而呈圆形，鳍棘 X–XI，鳍条 15 ~ 17；臀鳍鳍棘 II，鳍条 12 ~ 15；胸鳍鳍条 18 ~ 21（Allen，1991）。雄鱼尾鳍截形，末端呈尖形，雌鱼呈叉形，末端呈角形。体色为彩色，有生动的黑色，白色和黄色，随地理分布不同体色有差异，通常是黑色的背部和橙黄色的腹部，黑色的区域随着年龄的增长而变宽。[5] 有两个垂直的白色条带，一个在眼睛后面，一个在肛门上方，而尾柄也呈白色。鼻子是橙色或粉红色的。背鳍和尾鳍通常为橘黄色，尾鳍通常比身体的其他部分颜色淡，有时为白色。雄鱼全长 10 cm，雌鱼全长 15 cm（图 1.30）。

体色变异：

在所有海葵鱼中，克氏双锯鱼体色变化最大，随着地理位置、性别、年龄和宿主海葵的不同而变化。与莫氏列指海葵（*Stichodactyla mertensii*）生活在一起的克氏双锯鱼有黑化现象，除了口鼻部、两个垂直的白色条带和尾鳍外，全身都是黑色的（图 1.31）（Fautin 和 Allen，1997）。瓦努阿图和新喀里多尼亚的成鱼体色是橘黄色的，有两个垂直的白色条纹（图 1.32）。尾鳍颜色还随发育阶段不同（幼鱼、雄鱼和雌鱼）而变化，因此可从尾鳍颜色辨别鱼性腺发育情况。幼鱼尾鳍呈一致橘黄色，随后，橘黄色逐渐褪去，随着雄性性腺发育，尾鳍上下边缘又重新着亮黄色，而在雄鱼向雌鱼转化过程中，尾鳍上下边缘黄色又褪去，所以成熟雌鱼尾鳍呈纯白色或亮灰白色（图 1.33）。

相似种鉴别：

与克氏双锯鱼相似种有侧带双锯鱼（*A. latifasciatus*）、阿氏双锯鱼（*A. allardi*）和大堡礁双锯鱼（*A. akindynos*）。侧带双锯鱼尾鳍叉形且尾鳍基部无白色条带。阿氏双锯鱼和大堡礁双锯鱼尾鳍部位黑白界限不分明，体侧中部白条纹较窄。

栖息生态：

主要栖息于潟湖及外礁斜坡处，栖息深度可达约 60 m，但一般皆生活于浅水域。与向定隐丛海葵（*Cryptodendrum adhaesivum*）、夏威夷海葵（*Heteractis malu*）、多琳巨指海葵（*Macrodactyla doreensis*）、四色篷锥海葵（*Entacmaea quadricolor*）、串珠双辐海葵（*Heteractis aurora*）、卷曲异辐海葵（*Heteractis crispa*）、壮丽双辐海葵（*Heteractis magnifica*）、汉氏列指海葵（*Stichodactyla haddoni*）、巨型列指海葵（*Stichodactyla gigantea*）以及莫氏列指海葵（*Stichodactyla mertensii*）共生（Fautin & Allen，1997）。

图 1.30　与串珠双辐海葵（*Heteractis aurora*）共生的克氏双锯鱼

（图片来源：By Bernard DUPONT from FRANCE – Clark's Anemonefish（Amphiprion clarkii）in Beaded Sea Anemone（Heteractis aurora），CC BY-SA 2.0，https：//commons.wikimedia.org/w/index.php?curid=40734754）

图 1.31　与莫氏列指海葵（*Stichodactyla mertensii*）共生的黑色变异种

（图片来源：By Silke Baron – originally posted to Flickr as Clownfish，CC BY 2.0，https：//commons.wikimedia.org/w/index.php?curid=10815786）

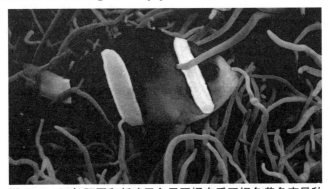

图 1.32　瓦努阿图和新喀里多尼亚橘克氏双锯鱼黄色变异种

（图片来源：By Chika Watanabe（Chika）from Los Altos，USA – Flickr，CC BY 2.0，https：//commons.wikimedia.org/w/index.php?curid=1268151）

图 1.33　克氏双锯鱼（*Amphiprion clarkii*）

雄鱼尾鳍黄白相间,雌鱼尾鳍纯白色(图片来源于网络)

10. 棕尾双锯鱼 *Amphiprion fuscocaudatus*（Allen，1972）

俗名（别名）：

塞舌尔双带小丑、骑士小丑、印度洋双带小丑

英文名：

Seychelles Anemonefish

地理分布：

分布范围仅在西印度洋的塞舌尔和阿尔达布拉环礁（Aldabra Atoll）一带海域。热带,南纬 3°～10°（Fautin 和 Allen,1997）。

形态特征：

背鳍鳍棘 XI,背鳍鳍条 15～16;臀鳍鳍棘 II,臀鳍鳍条 14（Allen,1991）。鳍条部延长而呈尖形;深褐色到黑色的身体,三条白色条纹,分别位于头部后面、身体中部和尾部前端。眼睛后方具一宽阔白竖带,向下延伸至鳃盖下方;体侧中后方另具一白色竖带,自背鳍缘向下延伸至肛门处。背鳍灰黑色,尾柄灰白色,臀鳍和胸鳍是黄橘色,背鳍和尾鳍呈现锈褐色到黑色。尾鳍棘条黑色,使尾鳍呈现一个黑暗的中心区域,余部浅灰色透明,上下叶具白色缘带,纵向条纹将黑区与较亮的区域分隔开。身体下部从口鼻处、下胸部,下腹部到肛门、尾鳍下方体色呈黄橙色。体形尺寸：最大个体 14 cm（图 1.34）。

相似种鉴别：

棕尾双锯鱼与橙鳍双锯鱼很接近,但橙鳍双锯鱼尾鳍是一致的黑暗色,只有一个狭窄的白色边缘。棕尾双锯鱼背鳍和尾鳍为灰黑色相间,而其他双带小丑的背鳍和尾鳍颜色一般为单一纯色,这也是棕尾双锯鱼与其他双带小丑族群的最大区别之处。

栖息生态:

栖息于潟湖和面海珊瑚礁区水深5～30 m的水域,与莫氏列指海葵(*Stichodactyla mertensii*)共生(Fautin & Allen,1997)。

图1.34　棕尾双锯鱼(A. fuscocaudatus)

(图片来源:By Greg Tee – originally posted to Flickr as Seychellen 2008 373, CC BY 2.0, https://commons.wikimedia.org/w/index.php?curid=10025634)

11. 侧带双锯鱼 Amphiprion latifasciatus(Allen,1972)

俗名(别名):

达加斯加双带小丑

英文名:

Madagascar Anemonefish

地理分布:

分布在西印度洋的珊瑚礁海域,分布范围仅在科摩罗(Comoros,非洲)和马达加斯加(Madagascar,非洲岛国)一带海域(Fautin 和 Allen 1997)。

形态特征:

背鳍鳍棘 X–XI,背鳍鳍条 15～16;臀鳍鳍棘 II,臀鳍鳍条 12～14(Allen,1991)。成鱼体呈椭圆形而侧扁,吻短而钝。眼中大,上侧位。口大,上颌骨末端不及眼前缘;齿单列,齿端具缺刻。背鳍单一,鳍条部延长而钝圆形;尾鳍呈圆形,上下叶外侧鳍条不延长呈丝状。成鱼体棕黑色,口鼻、胸部和腹部下方黄色。体侧具两条宽阔的白环带。第一条在眼睛后方,第二条在体侧中后部。胸鳍基部黑色,余部黄色;尾鳍圆形黑色,这正是马达加斯加双带小丑与其他双带小丑族群的最大区别之一。 体形尺寸：
最大个体 13 cm（图 1.35）。

相似种鉴别：

侧带双锯鱼和阿曼双锯鱼（*A. omanensis*）、阿氏双锯鱼（*A. allardi*）、
二带双锯鱼（*A. bicinctus*）、橙鳍双锯鱼（*A. chrysopterus*）和克氏双锯鱼
（*A. clarkii*）。阿曼双锯鱼为叉状尾鳍，但其臀鳍和尾鳍均为黑色，且身
体中部条纹要窄很多。 从叉状尾鳍可以将侧带双锯鱼和阿氏双锯鱼（图
1.36）、二带双锯鱼（图 1.37）、橙鳍双锯鱼（图 1.38）和克氏双锯鱼（图
1.39）区分开来。侧带双锯鱼鱼体中部宽条纹也有助于与这几个种进行
辨别。阿氏双锯鱼，二带双锯鱼和橙鳍双锯鱼尾鳍为白色，这也可以与侧
带双锯鱼区别开。克氏双锯鱼体色变异很多，所以只依靠体色区分侧带
双锯鱼和克氏双锯鱼是很难的，如果尾鳍为白色或者尾鳍基部有白条纹
就可以确定它不是侧带双锯鱼。

栖息生态：

栖息于潟湖和外礁区水深 1 ~ 12 m 的水域,通常生活在珊瑚丛生的
地方。与莫氏列指海葵（*Stichodactyla mertensii*）和四色篷锥海葵（奶嘴
海葵）（*Entacmaea quadricolor*）共生（Fautin 和 Allen,1997）。

图 1.35　侧带双锯鱼（Amphiprion latifasciatus）

（图片来源：By alKomor.com – P4201103 on Flickr, CC BY–SA 2.0, https：//commons.
wikimedia.org/ w/index.php?curid=10372841 ）

图 1.36　阿氏双锯鱼（*A. allardi*）

（图片来源：By Amada44 – Own work，CC BY 3.0，https：//commons.wikimedia.org/w/index.php?curid=16238135）

图 1.37　二带双锯鱼（*A. bicinctus*）

（图片来源：CC BY-SA 3.0，https：//commons.wikimedia.org/w/index.php?curid=708494）

图 1.38　橙鳍双锯鱼（*A. chrysopterus*）

（图片来源：By LuxTonnerre – Flickr：Palau_2008030818_p1020630，CC BY 2.0，https：//commons.wikimedia.org /w/index.php?curid=24518409）

图 1.39　克氏双锯鱼（*A. clarkii*）

（图片来源：CC BY-SA 2.5, https://commons.wikimedia.org/w/index.php?curid=146337）

12. 三带双锯鱼 *Amphiprion tricinctus*（Schultz 和 Welander, 1953）

俗名（别名）：

太平洋三带小丑、三带小丑

英文名：

Maroon Clownfish；Three Stripe Clownfish

地理分布：

　　分布范围是在西太平洋的马绍尔群岛（Marshall Islands）一带海域的地方种。有报告发现在新喀里多尼亚也偶有分布。热带, 北纬 0° ~ 15°（Fautin 和 Allen, 1997）。

形态特征：

　　背鳍鳍棘 X–XI。成鱼总体上看体前半部棕黄色, 后半部黑色。体侧具 3 条白色竖带, 分别在眼睛后方、体侧中央以及尾柄上（Allen, 1991）。嘴部、腹部、臀部包括胸鳍、腹鳍和臀鳍橘黄色；背鳍前部棕黄色, 后端深棕色或黑色；尾鳍黑色, 外缘镶细白线。最大个体为全长 13 cm（图 1.40）。

体色变异：

　　由于三带双锯鱼（*A. tricinctus*）是马绍尔群岛（Marshall Islands）地方种, 所以不存在地理变异种, 然而体色也存在变异, 主要表现在身体橘黄色和黑色的比例多少, 从以橘黄色为主到以黑色为主均有发现, 偶尔还要异常着色现象。与莫氏列指海葵（*Stichodactyla mertensii*）共生时三带双锯鱼体色通常除了嘴部和三条白条纹其余部位为黑色。

相似种鉴别：

　　三带双锯鱼（*A. tricinctus*）与金腹双锯鱼（*A. chrysogaster*）和棕尾

双锯鱼(*A. fuscocaudatus*)较为相似。金腹双锯鱼(*A. chrysogaster*)和棕尾双锯鱼(*A. fuscocaudatus*)均为三条白条纹,而且尾鳍也是黑色,但这两个种与三带双锯鱼存在地理分隔,可以从分布上区分。另外,金腹双锯鱼体色为黑色,体中间的白带达至背鳍顶部,且尾柄上的环带较宽,棕尾双锯鱼背鳍和尾鳍为灰黑色相间,尾柄上的环带也较宽。马绍尔群岛海域除了三带双锯鱼,还有橙鳍双锯鱼(*A. chrysopterus*)、黑双锯鱼(*A. melanopus*)和颈环双锯鱼(*A. perideraion*),它们与三带双锯鱼(*A. tricinctus*)很容易区分,橙鳍双锯鱼为两条白条纹,尾鳍白色,黑双锯鱼(*A. melanopus*)只有1条位于头部的白条纹,而颈环双锯鱼(*A. perideraion*)白色条纹位于背鳍边缘。遗传分析表明三带双锯鱼与克氏双锯鱼(*A. clarkii*)亲缘关系比较近,该进化枝与双带小丑家族的其他种具有很大区别。

栖息生态:

主要分布深度为3～40 m,偶尔可在外海的深度超过40 m的珊瑚暗礁的独居者——四色篷锥海葵(*Entacmaea quadricolor*)上发现。

在马绍尔群岛发现的9种海葵中有8种可以和三带双锯鱼(*A. tricinctus*)共生:四色篷锥海葵(*Entacmaea quadricolor*)、串珠双辐海葵(*Heteractis aurora*)(主要幼鱼共生)、卷曲异辐海葵(*Heteractis crispa*)、汉氏列指海葵(*Stichodactyla haddoni*)、莫氏列指海葵(*Stichodactyla mertensii*)、壮丽双辐海葵(*Heteractis magnifica*)(少见共生)、夏威夷异辐海葵(*Heteractis malu*)(少见共生)、多琳巨指海葵(*Macrodactyla doreensis*)(Fautin和Allen,1997)。

图1.40 三带双锯鱼(*A. tricinctus*)(图片来源: 网络)

13. 阿曼双锯鱼 *Amphiprion omanensis*(Allen和Mee,1991)

俗名(别名):

阿曼小丑

英文名：

Oman Anemonefish

地理分布：

阿曼双锯鱼（*A. omanensis*）分布于阿拉伯半岛的阿曼海域珊瑚礁（Fautin 和 Allen，1997）。

形态特征：

背鳍鳍棘 X；背鳍鳍条 10 ~ 17；臀鳍鳍棘 II，臀鳍鳍条 14 ~ 15（Allen，1991）。体色为深褐色，头部颜色浅些，独特的叉状尾鳍，尾鳍两端很长，尾鳍颜色幼鱼为黑色，成鱼为白色。有两条垂直的白色条纹，体中部的白条纹窄，不延伸到背鳍上，头部条纹也窄，通常穿过颈背收缩。头部后端和身体中部，背鳍褐色到棕色，尾鳍棕色到浅白色过渡。最大个体全长 14 cm（图 1.41）。

相似种鉴别：

白色叉状尾鳍是其独有的特征，可以区别其他绝大多数海葵鱼，只有侧带双锯鱼也是叉状尾鳍，但阿曼双锯鱼体中部白条纹窄，白色尾鳍，黑色臀部，白色臀鳍，而侧带双锯鱼体中部白条纹较宽，鳍条黄色。

栖息生态：

阿曼双锯鱼（*A. omanensis*）与四色篷锥海葵（*Entacmaea quadricolor*）和卷曲异辐海葵（*Heteractis crispa*）共生（Fautin 和 Allen，1997）。

图 1.41　阿曼双锯鱼（*Amphiprion omanensis*）

（图片来源：By Stephen D. Simpson, Hugo B. Harrison, Michel R. Claereboudt, Serge Planes – http://journals.plos.org/plosone/article?id=10.1371/journal.pone.0107610, CC BY 4.0, https://commons.wikimedia.org/w/index.php?curid=42885873）

红小丑类（*Amphiprion ephippium complex*）

14. 红双锯鱼 *Amphiprion rubrocinctus*（Richardson，1842）

俗名（别名）：

澳洲小丑、棕红小丑

英文名：

Australian Anemonefish

地理分布：

红双锯鱼（*A. rubrocinctus*）只存在于澳大利亚西北部的热带海洋，从澳大利亚西部，宁格罗珊瑚礁，到澳大利亚北部卡奔塔利亚（澳大利亚东北部港湾）的格鲁特岛（Fautin 和 Allen，1997）（图 1.42）。

形态特征：

红双锯鱼（*A. rubrocinctus*）体侧黑色或深棕色，嘴部，胸部，腹部和鳍为红色。单一白条纹位于头部后端，通常不发达，而且没有明显的黑边。成鱼体色红和黑的边界变得很模糊，不清晰。

颜色变异：

无。

相似种鉴别：

红双锯鱼（*A. rubrocinctus*）是红小丑类群中的鱼类，与该类群中的其他物种比较相似。白条双锯鱼（*A. frenatus*）与之相似，只是雄鱼为完全明亮的红色而雌鱼眼后的白条纹更为生动（图 1.43）。巴伯双锯鱼（*A. barberi*）据推测是红双锯鱼（*A. rubrocinctus*）的地理体色变异种，2008 年被独立分出来（图 1.44）。巴伯双锯鱼（*A. barberi*）缺少体侧的黑色或深棕色黑斑，在地理分布上也有区别红双锯鱼与其地理分布相同的 4 种海葵鱼很容易区分：颈环双锯鱼（*A. perideraion*）和白背双锯鱼（*A. sandaracinos*）都有独特的沿着背脊线的白条纹，而克氏双锯鱼（*A. clarkii*）和眼斑双锯鱼（*A. ocellaris*）均匀 3 条白条纹。

栖息生态：

海葵鱼和海葵之间的共生关系不是随机的，而是有高度选择性的。红双锯鱼只与该海区发现的 9 种海葵中的 2 种共生，四色篷锥海葵（*Entacmaea quadricolor*）（常见）和巨型列指海葵（*Stichodactyla gigantea*）（Fautin 和 Allen，1997）。

图 1.42　红双锯鱼（*A. rubrocinctus*）

（图片来源：By Graham Edgar / Reef Life Survey. – http: //www.fishesofaustralia. net.au/home/species/1277, CC BY 3.0）

图 1.43　白条双锯鱼（*A. frenatus*）

（图片来源：By Lonnie Huffman – Own work, CC BY 3.0, https: //commons.wikimedia. org/w/ index.php?curid=7747593）

图 1.44　巴伯双锯鱼（*A. barberi*）

（图片来源：By Brocken Inaglory – Own work，CC BY–SA 3.0, https: //commons. wikimedia.org/w /index .php?curid=1968037）

15. 麦氏双锯鱼 *Amphiprion mccullochi*（Whitely，1929）

俗名（别名）：

黑单带小丑、黑金刚小丑

英文名：

McCulloch's Anemonefish

地理分布：

麦氏双锯鱼是西南太平洋豪勋爵岛，米德尔顿礁，伊丽莎白礁和诺福克岛的地方种（Fautin 和 Allen，1997）。

形态特征：

麦氏双锯鱼（*A. mccullochi*）体色为深棕色，嘴部浅白色，头部后面有一条白色条纹，但两侧的白条纹不会在头顶汇合相连。尾鳍浅白色。幼鱼有两条白条纹，胸鳍的边缘为黄色。背鳍鳍棘 X 背鳍鳍条 15 ~ 17；臀鳍鳍棘 II，臀鳍鳍条 13 ~ 14（Allen，1991）。最大个体为 12 cm（图 1.45）。

颜色变异：

无。

相似种鉴别：

麦氏双锯鱼在外观上与黑双锯鱼（*A. melanopus*）相似，区别在于黑双锯鱼微红色胸部、腹部和背鳍，尾鳍淡黄色到微红色，而且两侧头部白条纹在头部顶端相连接。

栖息生态：

麦氏双锯鱼对海葵选择性非常高，只与四色篷锥海葵（*Entacmaea quadricolor*）这一种海葵共生（Fautin 和 Allen，1997）。

图 1.45　麦氏双锯鱼（*Amphiprion mccullochi*）（图片来源：见水印）

16. 大眼双锯鱼 *Amphiprion ephippium*（Bloch,1790）

俗名（别名）：

印度红小丑

英文名：

Red Saddleback Clownfish

地理分布：

分布在东印度洋的珊瑚礁海域,分布范围包括安达曼和尼科巴群岛（Nicobar Islands）、泰国、马拉西亚以及印度尼西亚的爪哇和苏门答腊岛（Sumatra）一带海域（Fautin 和 Allen,1997）。

形态特征：

背鳍鳍棘 X–XI,背鳍鳍条 16 ~ 18；臀鳍鳍棘 II,臀鳍鳍条 13 ~ 14。最大个体 12 cm（Allen,1991）。

成鱼体红色至棕色,体两侧各有一个黑色斑点,占体侧面积的 1/2 ~ 2/3,身体各鳍均为红色至棕色。幼鱼体红色,幼鱼有 2 ~ 3 条白条纹,其中眼睛后方白色窄竖条带,仅向下延伸至鳃盖缘,体侧后上方有一不明显黑色斑块。随着成长,白条带逐渐消失,而黑斑则逐渐扩大（图 1.46,图 1.47）。

相似种鉴别：

印度红小丑和白条双锯鱼（*A. frenatus*）,黑双锯鱼（*A. melanopus*）,红双锯鱼（*A. rubrocinctus*）有些相似,最大区别在于印度红小丑没有头部白条纹。

栖息生态：

通常栖息于能见度较低的沿岸海湾珊瑚礁,水深 2 ~ 15 m。与四色篷锥海葵（奶嘴海葵）（*Entacmaea quadricolor*）和卷曲异辐海葵（紫点海葵）（*Heteractis crispa*）共生（Fautin 和 Allen,1997）。

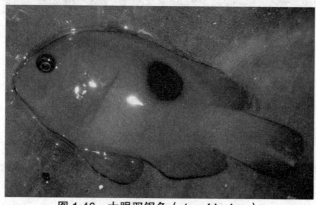

图 1.46 大眼双锯鱼（*A. ephippium*）

图1.47 大眼双锯鱼（*A. ephippium*）

（图片来源：By BEDO（Thailand）- Own work，CC BY-SA 4.0，https：//commons. wikimedia.org/w /index.php?curid=39478192）

17. 白条双锯鱼 *Amphiprion frenatus*（Brevoort，1856）

俗名（别名）：

红小丑、红西红柿（香港）、小丑仔（澎湖）、皇帝鱼（澎湖）、蟋蟀仔（澎湖）、白条海葵鱼

英文名：

Red tomato clown；Onebar anemonefish；Red clown；Tomato anemonefish；Tomato clownfish；Blackback anemonefish；Bridled anemonefish；Fire clown

地理分布：

分布于西太平洋区，由印度尼西亚、马来西亚和新加坡至帕劳，北至日本南部。中国台湾各地之礁区偶可见（Fautin 和 Allen，1997）。

形态特征：

体呈椭圆形而侧扁，标准体长为体高之1.7～2.0倍。吻短而钝。眼中大，上侧位。口小，上颌骨末端不及眼前缘；齿单列，圆锥状。眶下骨及眶前骨具放射性锯齿；各鳃盖骨后缘皆具锯齿。体被细鳞；侧线之有孔鳞片31～34个。背鳍单一，鳍条部不延长而略呈圆形，背鳍鳍棘IX-X，鳍条16～18；臀鳍鳍棘II，鳍条13～15；胸鳍鳍条18～20；雄、雌鱼尾鳍皆呈圆形。雄鱼体一致呈橘红色或略偏黄，雌鱼体色较暗，呈暗红色，成鱼体侧一般只有头后部1条白条带，白条带边缘黑色；幼鱼具2～3条白条纹，但第3条没有贯穿尾柄，随着成长白条带逐渐消失而仅剩眼后白条带。最大个体14 cm（Allen，1991）（图1.48，图1.49）。

体色变异：

体色只有雌雄差异，雌鱼比较体侧颜色暗红，而雄鱼鲜红色。

相似种鉴别：

红双锯鱼（*A. rubrocinctus*）体色相似，但雌鱼白条纹不具有黑边，白条纹发育不完整，一般在头顶不相连（图1.50）。对于幼鱼非常难分辨，只能从地理分布去区分。黑双锯鱼（*A. melanopus*）也和白条双锯鱼相似，黑双锯鱼白条纹更宽，分布于Melanesia以外其腹鳍和臀鳍黑色（图1.51）。

图1.48　白条双锯鱼（*A. frenatus*）雌鱼

（图片来源：By Lonnie Huffman – Own work, CC BY 3.0, https://commons.wikimedia.org/w/index.php?curid=7747593）

图1.49　白条双锯鱼（*A. frenatus*）雄鱼

（图片来源：By Brian Gratwicke – originally posted to Flickr as tomato clownfish, Amphiprion frenatus, CC BY 2.0, https://commons.wikimedia.org/w/index.php?curid=8020614）

图 1.50　红双锯鱼（*A. rubrocinctus*）

（图片来源：By Graham Edgar / Reef Life Survey. – http：//www.fishesofaustralia. net.au/home/species/1277，CC BY 3.0）

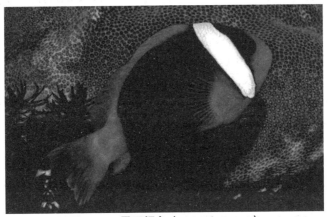

图 1.51　黑双锯鱼（*A. melanopus*）

（图片来源：By Andrew J. Green / Reef life Survey. – http：//www.fishesofaustralia. net.au/home/species/1274，CC BY 3.0，https：//commons.wikimedia.org/w/index. php?curid=40410873）

栖息生态：

主要栖息于潟湖及珊瑚礁区，栖息深度可达约 12 m。共生的海葵只有四色篷锥海葵（奶嘴海葵）（*Entacmaea quadricolor*）（Fautin & Allen，1997），但有人认为也可与卷曲异辐海葵（*Heteractis crispa*）共生。

18. 巴伯双锯鱼 *Amphiprion barberi*（Allen，Drew 和 Kaufman，2008）

俗名（别名）：

无

英文名：

Barber's anemonefish

地理分布：

巴伯双锯鱼（*A. barberi*）是西太平洋的斐济，汤加和萨摩亚群岛特有种（Allen，Drew et al. 2008）。

形态特征：

背鳍鳍棘 X，鳍条 16 ~ 18；臀鳍鳍棘 II，鳍条 13 ~ 15；胸鳍鳍条 14；最大个体 8.5 cm（Allen，Drew，et al. 2008）。成鱼一般体呈橘红色，只具有头后部 1 条白条纹，嘴部和胸部橘黄色，胸鳍、背鳍和尾鳍均为橘黄色（图 1.52）。

体色变异：

无

相似种鉴别：

巴伯双锯鱼（*A. barberi*）与红双锯鱼（*A. rubrocinctus*）和黑双锯鱼（*A. melanopus*）较为相似。但在地理分布上存在区别，红双锯鱼仅分布于澳大利亚西北部，黑双锯鱼广泛分布于西太平洋，从大堡礁珊瑚礁到马绍尔群岛和关岛，新几内亚，从瓦努阿图和新喀里多尼亚到印度尼西亚东部。在体色上也有较大区别，巴伯双锯鱼体色橘红色，黑双锯鱼黑色或深棕色，黑双锯鱼上鳃盖骨锯齿 19 ~ 26，而巴伯双锯鱼（*A. barberi*）只有 11 ~ 19（Allen，Drew，et al. 2008）。

栖息生态：

巴伯双锯鱼（*A. barberi*）与海葵共生特异性也较高，只与该海区 6 种海葵中的两种共生：四色篷锥海葵（*Entacmaea quadricolor*）和卷曲异辐海葵（*Heteractis crispa*）（Allen，Drew，et al. 2008）。

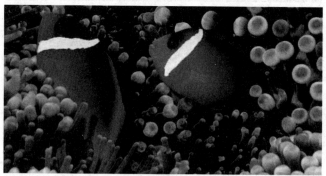

图 1.52　巴伯双锯鱼（*A. barberi*）

（图片来源：Allen，Drew et al. 2008）

19. 黑红双锯鱼 *Amphiprion melanopus*（Bleaker，1852）

俗名（别名）：

黑红小丑、黑斑小丑

英文名：

cinnamon clownfish；red and black anemonefish；black-backed anemonefish；dusky anemonefish

地理分布：

黑双锯鱼（*A. melanopus*）广泛分布于西太平洋，从大堡礁珊瑚礁到马绍尔群岛和关岛，新几内亚，从瓦努阿图和新喀里多尼亚到印度尼西亚东部（Fautin & Allen，1997）。

形态特征：

黑双锯鱼体色为暗红色到橘色，两侧红褐色，幼鱼和成鱼头后部均有一宽白条纹，位于眼后方，边缘淡蓝色。背鳍和尾鳍颜色比身体其余部位淡，有时呈浅黄色。臀鳍和腹鳍通常为黑色。成鱼最大个体 12 cm（图 1.53）。

相似种鉴别：

黑双锯鱼（*A. melanopus*）是红小丑类群中的鱼类，与该类群中的其他成员比较相似。红双锯鱼（*A. rubrocinctus*）和黑双锯鱼外形相似，但地理分布不同。红双锯鱼（*A. rubrocinctus*）只分布于澳大利亚西北部。巴伯双锯鱼（*A. barberi*）原被认为是黑双锯鱼的地理变种，它们之间体色存在较大差异，黑双锯鱼体色比巴伯双锯鱼深，为棕色或黑色。黑双锯鱼上鳃盖骨锯齿 19～26，而巴伯双锯鱼（*A. barberi*）只有 11～19（Allen 等，2008）。

栖息生态：

黑双锯鱼通常只与 1 种海葵共生，但也可以和另外 2 种海葵共生。通常共生海葵为四色篷锥海葵（*Entacmaea quadricolor*），偶尔与卷曲异辐海葵（*Heteractis crispa*）共生，极少数和壮丽双辐海葵（*Heteractis magnifica*）共生（Fautin 和 Allen，1997）。

图 1.53　黑双锯鱼（*A. melanopus*）

（图片来源：Allen，Drew et al. 2008）

（三）*Paramphiprion* 亚属

20. 宽带双锯鱼 *Amphiprion latezonatus*（Waite，1900）
俗名（别名）：
黑豹小丑、宽频小丑（台湾）、宽带小丑
英文名：
Wide-band Anemonefish
地理分布：
分布范围仅在澳大利亚亚热带海域。从昆士兰南部到新南威尔士州，诺福克岛和豪勋爵岛（Fautin & Allen，1997）。
形态特征：
背鳍鳍棘 X，鳍条 15 ~ 16；臀鳍鳍棘 II，鳍条 13 ~ 14；胸鳍鳍条14。眼中大，上侧位。口大，上颌骨末端不及眼前缘；齿单列，齿端具缺刻。背鳍单一，鳍条部延长而钝圆形。成鱼体色为棕黑色至黑色，唇部白色。体侧有 3 条白条纹，头部眼睛后方白条带镶黑缘，体侧中部白条带很宽，近似于梯形，大约为其他海葵鱼体中部条带宽度的 2 倍，因此也得名"宽带小丑"，尾柄上的白条带也比较宽。体形尺寸：最大个体 14 cm（Allen，1991）（图 1.54，图 1.55）。
体色变异：
通常宽带双锯鱼上唇部和白条纹边缘为淡蓝色。背鳍颜色可能为橘黄色或黄色，其余各鳍颜色与体色一致。
相似种鉴别：
宽带双锯鱼因为独特的宽阔的体中部白条纹，所以不易和其他种混淆。外形比较接近的是鞍斑双锯鱼（*A. polymnus*）和双带双锯鱼（*A. sebae*）。宽带双锯鱼具有更宽的中部白条纹，且不像鞍斑双锯鱼和双带双锯鱼中部白条纹在背鳍后部倾斜。宽带双锯鱼和鞍斑双锯鱼（*A. polymnus*）、双带双锯鱼（*A. sebae*）一起归为鞍背小丑类群。但基因分析表明鞍背小丑类群不是单系类群，宽带双锯鱼（*A. latezonatus*）具有单特异性的血统，和鞍背小丑类群其他种相比，其遗传距离更接近于海葵双锯鱼（*A. percula*）和棘颊雀鲷（*Premnas biaculeatus*）。
栖息生态：
栖息于岩礁区和沿岸礁区水深 10 ~ 45 m 的水域，与海葵共生选择性强，只与卷曲异辐海葵（紫点海葵）（*Heteractis crispa*）共生（Fautin 和Allen，1997）。

图 1.54 宽带双锯鱼（*Amphiprion latezonatus*）（示蓝条纹）

（图片来源：见水印）

图 1.55 宽带双锯鱼（*A. latezonatus*）（示橘黄色背鳍）

（图片来源：见水印）

21. 鞍斑双锯鱼 *Amphiprion polymnus*（Linnaeus，1758）

俗名（别名）：

鞍背小丑

英文名：

Saddleback anemonefish; yellowfin anemonefish; Saddle back clown; Saddleback clownfish; White-tipped anemonefish; Brownsaddle clownfish

地理分布：

分布于印度－太平洋中心区域，为著名的珊瑚礁三角地带，从菲律宾到印度尼西亚和新几内亚，北至日本南部，南至澳洲均有分布（Fautin 和 Allen，1997）。我国台湾南部，海南岛附近均有发现。

形态特征：

体呈椭圆形，标准体长为体高的 1.7 ~ 2.0 倍。吻短而钝。背鳍单一，鳍条略呈圆形，向后延伸至肛门上方位置。背鳍鳍棘 X–XI，鳍条12 ~ 16；臀鳍鳍棘 II–III，鳍条 12 ~ 16；胸鳍鳍条 18 ~ 19。体由黄褐色至黑色，胸鳍基部黑色，远端黄色或淡色，其余各鳍暗褐或黑色；成鱼尾鳍截形或圆形，尾鳍上下叶具白色宽边缘。体侧具 2 ~ 3 条白条纹，头部白条纹位于眼后，宽阔垂直，中部白条纹呈倾斜状，比较宽，随着发育此条纹逐渐退缩呈鞍斑状。一般海葵鱼雌鱼个体比雄鱼大得多，但鞍斑双锯鱼雌雄鱼个体差别不大。最大个体 13 cm（Allen，1991）（图 1.56）。

体色变异：

与卷曲异辐海葵（*Heteractis crispa*）共生时，体色要比与汉氏列指海葵（*Stichodactyla haddoni*）共生时要黑，而且体中部马鞍状白条带有 1/3 延伸到背鳍上或穿过背鳍基部，延长的背鳍和尾鳍边缘均具有白边缘（图1.57）。吻部和胸鳍有时有从黄色到黄褐色的颜色变异。

相似种鉴别：

鞍斑双锯鱼（*A. polymnus*）和双带双锯鱼（*A. sebae*）、宽带双锯鱼（*A. latezonatus*）同属鞍背小丑类群。宽带双锯鱼和鞍斑双锯鱼区别在于鞍斑双锯鱼中部白条纹为马鞍状，有些双带双锯鱼变异种中部白条纹也为马鞍状，但双带双锯鱼尾鳍为黄色，容易与鞍斑双锯鱼区别开来（图 1.58）。

栖息生态：

主要栖息于底质为沙质底的舄湖、礁区和港湾，栖息深度 2 ~ 30 m。喜欢共生的海葵有汉氏列指海葵（*Stoichactis haddoni*），也可以与卷曲异辐海葵（*Heteractis crispa*）共生，但少见（Fautin 和 Allen，1997）。

图 1.56　鞍斑双锯鱼（*A. polymnus*）

（图片来源：By Chaloklum Diving – http：//www.eol.org/data_objects/31320381，CC BY 3.0，https：//commons.wikimedia.org/w/index.php?curid=40225314）

图 1.57　与汉氏列指海葵（*Stichodactyla haddon*i）共生的鞍斑双锯鱼

（图片来源：By Nick Hobgood – Own work, CC BY–SA 3.0, https://commons.wikimedia.org/w/ index.php?curid=4590635）

图 1.58　双带双锯鱼（*A. sebae*）（区别于黄尾鳍）

（图片来源：By Ranjithsiji – Own work, CC BY–SA 3.0, https://commons.wikimedia.org/w/ index.php?curid=18432078）

22. 双带双锯鱼 *Amphiprion sebae*（Bleeker，1853）

俗名（别名）：

黑双带小丑、金新娘

英文名：

sebae clownfish

地理分布：

双带双锯鱼（*A. sebae*）分布于北印度洋，从爪哇到阿拉伯半岛，包括印度、斯里兰卡、马尔代夫、苏门答腊岛安达曼群岛（Fautin 和 Allen，1997）。

形态特征：

体呈椭圆形。背鳍鳍棘 X–XI，鳍条 13 ～ 14；臀鳍鳍棘 II，鳍条 14 ～ 17；胸鳍鳍条 18 ～ 19。体色黑色或深棕色，吻部、胸部和腹部黄色，尾鳍黄色。体侧具有 2 ～ 3 条白条纹体侧，头部条纹在眼睛后、中部条纹靠近背鳍处向后倾斜、尾柄处白色垂直环带有些个体消失。最大个体 14 cm（Allen，1991）（图 1.59）。

体色变异：

黑化变异种吻部、胸部和腹部由黄色变为黑色，无尾柄白条纹（图 1.60）。

相似种鉴别：

体色条纹与鞍斑双锯鱼（*A. polymnus*）相似，但可从尾鳍颜色加以区分。双带双锯鱼成鱼尾鳍黄色，鞍斑双锯鱼尾鳍具有独特的白边缘（图 1.61）。有时也易与克氏双锯鱼（*A. clarkii*）黑色变异种混淆，体色相似，但克氏双锯鱼中部白条纹不向后倾斜（图 1.62）。

栖息生态：

双带双锯鱼（*A. sebae*）与汉氏列指海葵（*Stichodactyla haddoni*）共生（Fautin 和 Allen，1997）。

图 1.59　双带双锯鱼（*A. sebae*）

（图片来源：By Miles Wu from Princeton NJ, Newbury/Winchester UK, Limassol Cyprus, USA/United Kingdom / Cyprus – Sea Anemonefish（Sebae Clownfish），CC BY-SA 2.0, https://commons.wikimedia.org/w/ index.php ?curid=3383127）

图 1.60 双带双锯鱼（*A. sebae*）黑化变异种

（图片来源：By Ranjithsiji – Own work，CC BY–SA 3.0，https：//commons.wikimedia.org/w/ index.php?curid=18432078）

图 1.61 鞍斑双锯鱼（*A. polymnus*）（示独特的尾鳍白边缘）

（图片来源：By I，Jnpet，CC BY–SA 3.0，https：//commons.wikimedia.org/w/index.php?curid=2343060）

图 1.62 克氏双锯鱼（*A. clarkii*）黑化变异种，体中间白条纹不向后倾斜

（图片来源：By Silke Baron – originally posted to Flickr as Clownfish，CC BY 2.0，https：//commons.wikimedia.org/w/index.php?curid=10815786）

（四）*Phalerebus* 亚属

23. 背纹双锯鱼 *Amphiprion akallopisos*（Bleeker，1853）

俗名（别名）：

印度洋银线小丑、茶公（中国香港）

英文名：

Skunk Clownfish；nosestripe clownfish；nosestripe anemonefish

地理分布：

分布范围在印度洋，从爪哇岛和爪哇海，苏门答腊的西部和南部海岸，泰国的西海岸，北到安达曼群岛，西至马达加斯加，科摩罗群岛和塞舌尔。包括东非洲、马达加斯加、科摩罗群岛（Comoro Islands，非洲岛国）、塞舌尔、安达曼海、苏门答腊岛（Sumatra，位于印尼西部）和千岛群岛（Seribu Islands，位于爪哇海）一带海域。在马尔代夫和斯里兰卡没有发现其踪迹（Fautin 和 Allen，1997）。

形态特征：

背鳍鳍棘 VIII-IX，背鳍鳍条 17～20，臀鳍鳍棘 II，臀鳍鳍条 12～14；成鱼鳍条部延长而钝圆形；成鱼体色为一致淡橙色，背部从口沿着背鳍基部至尾柄上方具一狭长的白色纹带，背鳍鳍条白色或黄色，其他鳍的颜色与体色一致，最大个体可达 11 cm（Allen，1991）（图 1.63）。

体色变异：

背纹双锯鱼（*A. akallopisos*）与莫氏列指海葵（*Stichodactyla mertensii*）共生时没有体色变异现象，不像金腹双锯鱼（*A. chrysogaster*），橙鳍双锯鱼（*A. chrysopterus*），克氏双锯鱼（*A. clarkii*）和三带双锯鱼（*A. tricinctus*）有体色黑化变异种。

相似种鉴别：

背纹双锯鱼缺少头部、背中部和尾部白色条纹可以清晰的和大多数海葵鱼区分开来，但背纹双锯鱼（印度洋银线小丑）与西太平洋的白背双锯鱼（太平洋银线小丑）（*A. sandaracinos*）非常相似，常常被混淆。而且从分布上来看，它们在爪哇和苏门答腊周围有重叠的分布。两者显著区别在于后者的白条纹自上嘴唇开始往后延伸，而前者的上嘴唇则与体色一致，不难分辨；另外体色也有差异，白背双锯鱼体色为鲜橙色，而背纹双锯鱼颜色要淡一些，为淡橙色（图 1.64）。

栖息生态：

栖息于较浅的沿岸珊瑚礁区水深 3～25 m 的水域，通常生活在强流区水深 15 m 左右的地方。壮丽双辐海葵（公主海葵）（*Heteractis*

magnifica）和莫氏列指海葵（*Stichodactyla mertensii*）共生（Fautin &
Allen，1997）。

图 1.63　背纹双锯鱼（**A. akallopisos**）

（图片来源：By Roberto Pillon – http：//www.fishbase.org/Photos/ThumbnailsSummary.
php?ID=8017#，CC BY 3.0，https：//commons.wikimedia.org/w/index.php?curid=31154061）

图 1.64　白背双锯鱼（**A. sandaracinos**）（示宽白条纹延伸到上唇部）

（图片来源：By Jenny（JennyHuang）from Taipei – Flickr，CC BY 2.0，https：//
commons.wikimedia.org/w/ index.php?curid=1266600）

24. 白罩双锯鱼 *Amphiprion leucokranos*（Allen，1973）
俗名（别名）：
白帽小丑、白额小丑、黄水晶小丑
英文名：
White Cap Clownfish；White bonnet anemonefish

地理分布：

白罩双锯鱼(*A. leucokranos*)分布于西太平洋中心,新几内亚北部海岸,包括马尔维纳斯岛、当特尔卡斯托群岛和新不列颠以及所罗门群岛(Fautin & Allen,1997)。

形态特征：

白罩双锯鱼(*A. leucokranos*)体色橘黄色或淡棕色,头顶部有白色条斑,像帽子一样,所以又称为白帽小丑。头部的白色条斑每条鱼都有,只是位置可能有所不同。有一头部白色条纹位于眼睛后面,该条纹可能连续也可能中断(图1.65,图1.66)。背鳍鳍棘 IX,鳍条18 ~ 19,臀鳍鳍棘 II,鳍条13 ~ 14。最大个体11 cm(Allen,1991)。

据推测这个种是橙鳍双锯鱼(*A. chrysopterus*)(图1.67)与白背双锯鱼(*A. sandaracinos*)(图1.68)的自然杂交种,在水族箱中已经杂交得出。由于海葵鱼雌鱼大于雄鱼,橙鳍双锯鱼最大规格可达17 cm,而白背双锯鱼雌鱼最大个体11 cm,雄鱼个体3 ~ 6.5 cm,这个非直接证据表明在杂交过程中,雌鱼应该是橙鳍双锯鱼,雄鱼是白背双锯鱼(Gainsford等,2015)。

体色变异：

由于白罩双锯鱼(*A. leucokranos*)是自然杂交变异种,其体色和斑纹多变,橙鳍双锯鱼(*A. chrysopterus*)与白背双锯鱼(*A. sandaracinos*)的杂交F1代和回交后代更多趋向于白背双锯鱼的特征(Gainsford等,2015)。与特定海葵共生时无黑化变异种。

相似种鉴别：

白罩双锯鱼头部的"白帽"是其独有的特征。白背双锯鱼(*A. sandaracinos*)头部体侧无白条纹,头顶从上唇沿着背鳍到尾鳍有连续的一条白条纹。

栖息生态：

白罩双锯鱼(*A. leucokranos*)与卷曲异辐海葵(*Heteractis crispa*)、壮丽双辐海葵(*Heteractis magnifica*)、莫氏列指海葵(*Stichodactyla mertensii*)共生。

白罩双锯鱼对莫氏列指海葵的喜爱程度超过卷曲异辐海葵(Fautin & Allen,1997)。

图 1.65 白罩双锯鱼（***A. leucokranos***）

（图片来源：By Michael McComb – https：//www.flickr.com/photos/michaelmccomb/5307518039，
CC BY 2.0，https：//commons.wikimedia.org/w/index.php?curid=40098449）

图 1.66 白罩双锯鱼（***A. leucokranos***）（图片来源：网络）

图 1.67 可能的雌性亲本—橙鳍双锯鱼（***A. chrysopterus***）

（图片来源：By Scott Mills – http：//www.eol.org/data_objects/27365940，CC BY–
SA 3.0，https：//commons.wikimedia.org/w /index.php?curid=40263751）

图1.68　可能的雄性亲本—白背双锯鱼（*A. sandaracinos*）

（图片来源：By Jenny（JennyHuang）from Taipei – Flickr，CC BY 2.0，https：//commons.wikimedia.org/w/ index.php?curid=1266600）

25. 浅色双锯鱼*Amphiprion nigripes*（Regan，1908）

俗名（别名）：

玫瑰小丑

英文名：

Maldive anemonefish；blackfinned anemonefish

地理分布：

浅色双锯鱼（*A. nigripes*）分布于西印度洋的马尔代夫群岛，拉克沙群岛和斯里兰卡（Fautin 和 Allen，1997）。

形态特征：

浅色双锯鱼（*A. nigripes*）体呈椭圆形两侧略扁，体色浅橘色，头部后端有一条白色条纹位于眼后。雌鱼最大个体11 cm，雄鱼8 cm。腹鳍和臀鳍黑色，腹部多多少少带有黑色（图1.69）。

体色变异：

由于地理分布差异，浅色双锯鱼有时体色为橘黄色并且臀鳍不是黑色，而是和身体体色一致。

栖息生态：

浅色双锯鱼（*A. nigripes*）栖息于水深2 ~ 15 m珊瑚礁，只与壮丽双辐海葵（*Heteractis magnifica*）共生（Fautin 和 Allen，1997）。

图 1.69　浅色双锯鱼（*Amphiprion nigripes*）

（图片来源：By Hectonichus – Own work，CC BY–SA 3.0，https：//commons.wikimedia. org/ w/index.php?curid=22463361）

26. 颈环双锯鱼 *Amphiprion perideraion*（Bleeker，1855）

俗名（别名）：

粉红双锯鱼、粉红小丑、咖啡小丑

英文名：

Pink skunk clown；Pink anemonefish；Salmon clownfish；Whitebanded anemonefish；False skunk–striped anemonefish；False skunk striped clown；False skunkstriped anemonefish

地理分布：

颈环双锯鱼（*A. perideraion*）分布于整个马来群岛和美拉尼西亚（西南太平洋群岛），西太平洋从大堡礁和汤加（南太平洋岛国），北至琉球群岛；东印度洋从宁格鲁礁、澳大利亚西部到苏门答腊岛，栖息水深 3 ~ 20 m，但在大堡礁 50 ~ 65 m 水深也有发现（Fautin 和 Allen，1997）。

形态特征：

体呈椭圆形而侧扁，标准体长为体高之 1.9 ~ 2.2 倍。体被细鳞；侧线鳞片 32 ~ 43 个。背鳍单一，鳍条部不延长而略呈圆形，鳍棘 IX–X，鳍条 16 ~ 17；臀鳍鳍棘 II，鳍条 12 ~ 13；胸鳍鳍条 16 ~ 18；雄、雌鱼尾鳍皆呈圆形。体色为粉红色至桃红色，各鳍淡色。体侧头后部有 1 白色窄垂直条纹，位于眼后；体背部由吻部沿背鳍基底延伸至尾柄另具一窄白带。最大个体 10 cm（Allen，1991）（图 1.70，图 1.71）。

体色变异：

无。

相似种鉴别：

颈环双锯鱼（*A. perideraion*）属于臭鼬类群（skunk complex），与该类群中其他成员较为相似。背部条纹和头后部眼后方的白条纹可以区别其他种类。背纹双锯鱼（*A. akallopisos*）（图 1.72），白背双锯鱼（*A. sandaracinos*）（图 1.73），和太平洋双锯鱼（*A. pacificus*）均无头部侧面的白条纹，而浅色双锯鱼（*A. nigripes*）缺少背部条纹，腹鳍和臀鳍黑色。白罩双锯鱼（*A. leucokranos*）头顶白条纹宽且其背部条纹不延伸至整个背部。

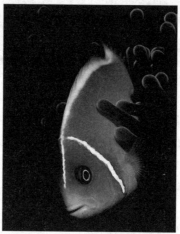

图 1.70　颈环双锯鱼（*A. perideraion*）示独特的窄的白色头部条纹和背部条纹

（图片来源：By Jenny（JennyHuang）from Taipei – Flickr, CC BY 2.0, https://commons.wikimedia.org/w/ index.php?curid=1268141）

图 1.71　颈环双锯鱼（*A. perideraion*）

（图片来源：By Betty Wills, CC BY–SA 4.0, https://commons.wikimedia.org/w/index.php?curid=59760828）

图 1.72　背纹双锯鱼（*A. akallopisos*）（无头侧白条纹）

（图片来源：By Roberto Pillon – http：//www.fishbase.org/Photos/ThumbnailsSummary.php?ID=8017#, CC BY 3.0, https：//commons.wikimedia.org/w/index.php?curid=31154061）

图 1.73　白背双锯鱼（*A. sandaracinos*）无头部侧面白条纹

（图片来源：By Jenny（JennyHuang）from Taipei – Flickr, CC BY 2.0, https：//commons.wikimedia.org/w/ index.php?curid=1266600）

栖息生态：

主要栖息于潟湖及珊瑚礁区，栖息深度可达约 38 m。和海葵具共生之行为，喜欢共生的海葵有 *Heteractis magnigica*、卷曲异辐海葵（*Heteractis crispa*）及多琳巨指海葵（班马海葵 / 长须紫海葵）（*Macrodactyla doreensis*）（Fautin 和 Allen, 1997）。

27. 白背双锯鱼 *Amphiprion sandaracinos*（Allen, 1972）

俗名（别名）：

太平洋银线小丑、茶公（香港）

英文名

Orange anemonefish； Yellow skunk clownfish； Yellow clownfish；
Golden anemonefish

地理分布：

白背双锯鱼（*A. sandaracinos*）分布于印度洋–太平洋中心海区，著名的珊瑚礁三角地带，从菲律宾到印度尼西亚和 New Guinea 由至所罗门群岛，南至澳洲。中国台湾南部有发现，但罕见。同时也分布于澳大利亚西北部，圣诞岛（Christmas Island），Melanesia，北至日本南部（Fautin 和 Allen, 1997）。

形态特征：

白背双锯鱼（*A. sandaracinos*）体呈椭圆形而侧扁，标准体长为体高之 1.8 ～ 2.1 倍。体被细鳞；侧线鳞片 32 ～ 37 个。背鳍单一，鳍条部不延长而略呈圆形，鳍棘 VIII-X，鳍条 16 ～ 18；臀鳍鳍棘 II，鳍条 12；胸鳍鳍条 16 ～ 18；雄、雌鱼尾鳍皆呈圆形（Allen, 1991）。体色呈亮橘色，各鳍淡橘黄色，除了背鳍部分白色。眼睛虹膜也呈淡黄色。体背有一白窄条纹，从吻部沿背鳍基部延伸至尾柄。雌鱼最大个体 11 cm，雄鱼 6.5 cm（图 1.74）。

相似种鉴别：

白背双锯鱼与背纹双锯鱼（*A. akallopisos*）非常相似，区别在于背纹双锯鱼的背部白条纹出发点距离上唇有一定距离，而白背双锯鱼的白条纹则自上唇开始往后延伸。

栖息生态：

主要栖息于潟湖及珊瑚礁区，深度可达约 20 m。其共生海葵有两种，比较普遍的共生的海葵是莫氏列指海葵（*Stichodactyla mertensii*），而较为少见的共生海葵为卷曲异辐海葵（*Heteractis crispa*）（Fautin 和 Allen, 1997）。

28. 希氏双锯鱼 *Amphiprion thiellei*（Burgess, 1981）

俗名（别名）：

伯爵小丑

英文名：

Thielle's anemonefish

地理分布：

起源于菲律宾宿务岛附近（Fautin & Allen, 1997）。

图 1.74 白背双锯鱼（*A. sandaracinos*）

形态特征：

希氏双锯鱼（*A. thiellei*）体色呈略显微红的橘色，体侧具一白条纹，位于眼后方，汇合与头顶。背部白条纹有两段，分别位于背鳍和尾鳍基部。背鳍鳍棘 X–XI，鳍条 16；臀鳍鳍棘 II，鳍条 14。最大个体 6.5 cm（仅对水族店销售的 2 尾鱼测定）（Allen, 1991）（图 1.75）。

据推测该种可能为杂交种，有人认为是橙鳍双锯鱼（*A. chrysopterus*）（图 1.76）和白背双锯鱼（*A. sandaracinos*）（图 1.77）杂交种（Ollerton 等，2007）。也有人认为是眼斑双锯鱼（*A. ocellaris*）（图 1.78）和白背双锯鱼（*A. sandaracinos*）杂交种。在野外发现有眼斑双锯鱼（*A. ocellaris*）和白背双锯鱼共栖，而未发现橙鳍双锯鱼和白背双锯鱼共栖，因而后者的可能性更大。

体色变异：

如果希氏双锯鱼（*A. thiellei*）也是自然杂交种，那么其体色应该和白罩双锯鱼（*A. leucokranos*）一样存在体色和条纹的易变性。由于希氏双锯鱼比较少见，尚未证实这一特性，也未证实与特定海葵共生是否存在黑化现象。

相似种鉴别：

颈环双锯鱼（*A. perideraion*）体色粉红，背部白条纹沿着背鳍基部延伸，中间不间断（图 1.79），而希氏双锯鱼背部白条纹分成两段。浅色双锯鱼（*A. nigripes*）可从黑色腹鳍和臀鳍以及缺少背部白条纹进行区分（图 1.80）。

栖息生态：

希氏双锯鱼（*A. thiellei*）共生海葵不详，据推测可与卷曲异辐海葵（*Heteractis crispa*）和莫氏列指海葵（*Stichodactyla mertensii*）共生（Fautin 和 Allen, 1997）。

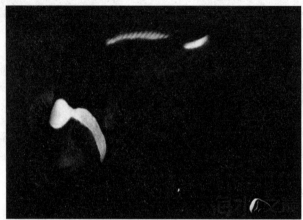

图 1.75　希氏双锯鱼（*Amphiprion thiellei*）

（图片来源：见水印）

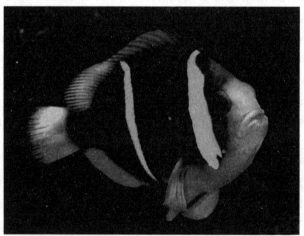

图 1.76　希氏双锯鱼可能的亲本：橙鳍双锯鱼（*A. chrysopterus*）

（图片来源：By Scott Mills – http://www.eol.org/data_objects/27365940, CC BY-SA 3.0, https://commons.wikimedia.org/w/index.php?curid=40263751）

图 1.77　希氏双锯鱼可能的亲本：白背双锯鱼（*A. sandaracinos*）

（图片来源：By Jenny（JennyHuang）from Taipei – Flickr, CC BY 2.0, https://commons.wikimedia.org/w/ index.php?curid=1266600）

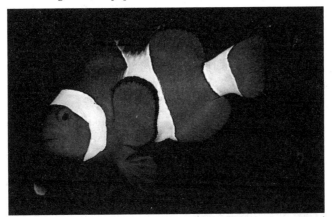

图 1.78　希氏双锯鱼可能的亲本：眼斑双锯鱼（*A. ocellaris*）

（图片来源：By Nhobgood Nick Hobgood – Own work, CC BY–SA 3.0, https://commons.wikimedia.org/w /index.php?curid=5736270）

29. 太平洋双锯鱼 *Amphiprion pacificus*（Allen Drew 和 Fenner, 2010）

俗名（别名）：

无

英文名：

无

地理分布：

太平洋双锯鱼（*A. pacificus*）为西太平洋瓦利斯群岛，汤加，斐济和萨摩亚群岛等地的特有种，在该区域也不常见（Allen 等，2010）。

形态特征：

太平洋双锯鱼（*A. pacificus*）体色为粉红棕色，通常在身体下部如腹部颜色逐渐变淡至黄色或橘色。与其他臭鼬类群成员一样，背部沿着背鳍有一条白色条纹，从吻部延伸至尾鳍基部。背鳍鳍棘 IX，鳍条 18 ~ 20；臀鳍鳍棘 II，鳍条 12 ~ 13。测试样本全长 3.09 ~ 4.85 cm（仅对 4 尾鱼测定）（Allen 等，2010）（图 1.81，图 1.82）。

体色变异：

无

相似种鉴别：

太平洋双锯鱼（*A. pacificus*）与背纹双锯鱼（*A. akallopisos*）（图 1.83）几乎相同，但地理分布区域不同，由此可以鉴别。虽然太平洋双锯鱼与背纹双锯鱼非常相似，但基因分析表明太平洋双锯鱼与白背双锯鱼（*A. sandaracinos*）（图 1.84）的亲缘关系比与背纹双锯鱼近。背纹双锯鱼（*A. akallopisos*）背部狭长的白色纹带向前延伸到吻部上端，与太平洋双锯鱼分布区域重叠的巴伯双锯鱼（*A. barberi*）、橙鳍双锯鱼（*A. chrysopterus*）和克氏双锯鱼（*A. clarkii*）均容易区分，这几种鱼无背部白条纹。背纹双锯鱼（*A. akallopisos*）、太平洋双锯鱼（*A. pacificus*）和白背双锯鱼（*A. sandaracinos*）鉴别特征总结见表 1-2。

图 1.79　颈环双锯鱼（*A. perideraion*）示独特的粉红身体和连续的背部白条纹

（图片来源：By Richard Ling - Flickr, CC BY-SA 2.0, https://commons.wikimedia.org/w/ index.php?curid=1885381）

图 1.80 浅色双锯鱼（*A. nigripes*）示独有的黑色腹鳍和臀鳍

（图片来源：By Thomas Badstuebner for MDC SeaMarc Maldives – Own work，CC BY-SA 4.0，https：//commons.wikimedia.org /w/index.php?curid=34572794）

表 1-2　背纹双锯鱼、太平洋双锯鱼和白背双锯鱼鉴别特征总结

	背纹双锯鱼	太平洋双锯鱼	白背双锯鱼
地理分布	印度洋	太平洋中央	东印度地区
白条纹前端终止位置	鼻子	鼻子	上唇
背鳍鳍条数（标准）	19	19	18
臀鳍鳍条数（标准）	13	13	12
胸鳍鳍条数（标准）	17	17	17
总鳃耙数（标准）	18 ~ 19	17	17

栖息生态：

栖息水深 4 ~ 10 m。太平洋双锯鱼（*A. pacificus*）对海葵选择性也非常高，只与该鱼分布海区发现的 6 种海葵中的 1 种共生，其共生海葵为壮丽双辐海葵（*Heteractis magnifica*）（Allen 等，2010）。

图 1.81　太平洋双锯鱼（*A. pacificus*）

（图片来源：J. Williams，Allen 等，2010）

图 1.82　太平洋双锯鱼（*A. pacificus*）水下照片 60 mm SL

（图片来源：J. Jensen（上）D. Fenner（下））（Allen 等，2010）

图 1.83　背纹双锯鱼（*A. akallopisos*）

（图片来源：G. R. Allen）（Allen 等，2010）

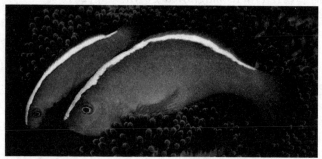

图 1.84　白背双锯鱼（*A. sandaracinos*）示背部宽阔的白条纹延伸至上唇

（图片来源：G. R. Allen）（Allen，等 2010）

二、棘颊雀鲷属

30. 棘颊雀鲷 *Premnas biaculeatus*（Bloch，1790）

俗名（别名）：

透红小丑、褐红小丑

英文名：

spine-cheeked anemonefish；maroon clownfish

地理分布：

棘颊雀鲷（*P. biaculeatus*）分布于印度洋、太平洋的珊瑚礁海域，从印度尼西亚西部，马来群岛到台湾和大堡礁北部（Fautin & Allen，1997）。

形态特征：

体呈椭圆形。颊部有棘是这个属特有特征。体色和条纹的颜色随着性别和地理分布不同而异。尽管俗名为褐红小丑，只有一些雌鱼的体色呈褐红色到深褐色，幼鱼和雄鱼呈亮橘红色。体侧在眼睛后、背鳍中间、尾柄处有三条环带。条带颜色可能是白色、灰白色或黄色。当从雄鱼转为雌鱼，条带颜色很快就会变成白色。个体较大，雌鱼最大个体 17 cm，雄鱼一般为 6 ~ 7 cm。

体色变异：

这个种的体色变异比较复杂，随性别和地理分布不同而异。幼鱼和雄鱼呈亮橘红色，转变为雌鱼，身体变成褐红色到深褐色。雌鱼体侧条带会变窄，有报告称老一点的雌鱼条带会消失。

雌鱼至少有三个地理体色变异种。从东帝汶到澳大利亚的棘颊雀鲷雌鱼头部和身体条纹为白色或灰白色，雄鱼和幼鱼体色鲜橘红色，条纹均为白色（图 1.85，图 1.86）；马来群岛中心区域的棘颊雀鲷雌鱼头部条带为暗黄色，其余 2 个条带为灰白色，雄鱼和幼鱼亮红橘色，条带白色（图 1.87，图 1.88，图 1.89，图 1.90）；在苏门答腊岛和安达曼群岛，无论雌雄三个条带都是黄色，雌鱼体色从暗褐红色到深褐色（图 1.91），其独有的特征使其过去被认为是独立的一个种，国内水族业现在仍存在透红小丑和金边透红小丑之分。其他海葵鱼如橙鳍双锯鱼（*A. chrysopterus*）和宽带双锯鱼（*A. latezonatus*）的条纹镶蓝色，而只有棘颊雀鲷条纹镶嵌黄色或金色。

相似种鉴别：

脸颊部的棘刺可以和其他海葵鱼区别开来。棘颊雀鲷属只有一个种，所有地理变异种均属于棘颊雀鲷。基因分析表明其亲缘关系和海葵双锯鱼(*A. percula*)以及宽带双锯鱼(*A. latezonatus*)比较近。

栖息生态：

棘颊雀鲷(*P. biaculeatus*)对共生海葵具有高度选择性,只与四色篷锥海葵(*Entacmaea quadricolor*)共生。四色篷锥海葵至少可以和14个物种共生,其中大约一半为海葵鱼(Fautin 和 Allen,1997)。棘颊雀鲷地域性是海葵鱼中最强的(Fautin,1986)。

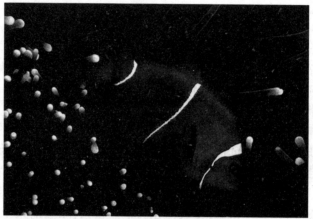

图 1.85 东帝汶棘颊雀鲷雌鱼条纹较窄,体色褐红色

(图片来源: By Nhobgood – Own work, CC BY–SA 3.0, https: //commons.wikimedia. org/w/ index.php?curid=15479601)

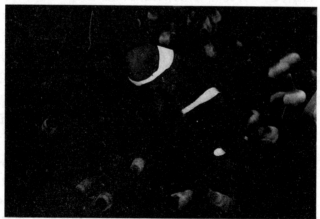

图 1.86 东新不列颠棘颊雀鲷雄鱼,与苏拉威西岛雄鱼体色一致

(图片来源: By Barry Peters` – originally posted to Flickr as Clownfish (PNG), CC BY 2.0, https: //commons.wikimedia.org/w/index.php?curid=9978993)

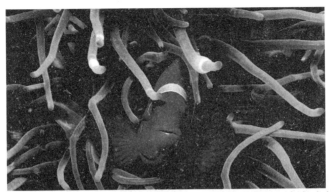

图 1.87 科莫多岛附近棘颊雀鲷雌鱼，金色头部条纹，颊部有棘

（图片来源：By Alexander Vasenin – Own work，CC BY–SA 3.0，https：//commons. wikimedia.org/w/ index.php?curid=25478326）

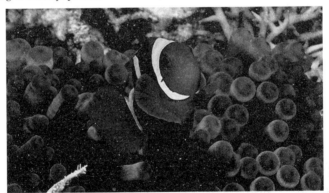

图 1.88 苏拉威西岛北部纳肯岛的棘颊雀鲷雄鱼鲜橘红色，3 条白色条带

（图片来源：By Rob – Flickr：Spinecheek Anemonefish，Bunaken Island，CC BY 2.0，https：//commons.wikimedia.org/w/index.php?curid=31897453）

图 1.89 苏拉威西岛北部纳肯岛的棘颊雀鲷雌鱼，头部条纹暗黄色，其余条纹灰白色

（图片来源：By Bernard DUPONT from FRANCE – Spine–cheek Anemonefish（Premnas biaculeatus），CC BY–SA 2.0，https：//commons.wikimedia.org/w/index.php?curid=40757147）

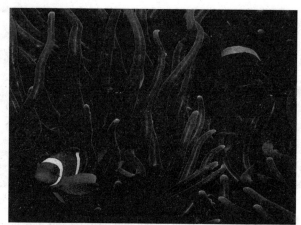

图 1.90　菲律宾棘颊雀鲷雄鱼个体远小于雌鱼，雌鱼头部条带暗黄色

（图片来源：By Elias Levy – Spinecheek Anemonefish（Male and Female），CC BY 2.0，https：//commons.wikimedia.org/w/index.php?curid=40577337）

图 1.91　安达曼群岛雌鱼，3 个条纹均为金色

（图片来源：By Steve Childs – https：//www.flickr.com/photos/steve_childs/359253105/ in/photolist–caA9s3–nYDa3p–o5ct6p–8DbbrC–bEmgxB–brrkLW–nuuwNs–norf7Y–fNtc7v– qVBtv9–682p3J–4vMTxw–aprDiV–xKgsd–xKgr4–8TLxM6–8SXkRf–67X8te–682jzm–67X9– uz–67X9eV–67X8C6–682jPm–nUPfyb–6HWEba–fUzSju–8Cz2nL–7PeXuT–7M8CNS– hLBADJ–8gr49b–bEmoNr–gjHf7m–cYFqfb–nwx5sn–fNKLbW–fNK5N5–fNKmyj–fNKm6u– 6GPZs7–fNHF8G–fNJNqq–fNr5dt–fNHzfq–fNsy3k–fNr46g–fUzPxM–fUAKSH–fNs2QZ– fNJyd5，CC BY 2.0，https：//commons.wikimedia.org/w/index.php?curid=40131797）

第二章　海葵鱼的栖息生态

第一节　海葵鱼与海葵的互利共生

海葵鱼因为其与海葵共生关系而出名（Allen，1972；Miyagawa 和 Hidaka，1980；Fautin，1985；Fautin，1986；Fautin，1991）。自 Collingwood 1868 年首次在中国海域发现海葵鱼与海葵共生现象以来，海葵鱼与海葵独特而有趣的共生关系引起学者的广泛关注。这个问题成为海葵鱼相关研究中最热点的问题之一，迄今相关的研究报道多达几百篇，人们对海葵鱼和海葵共生关系知识的了解也越来越多。

一、互利共生现象

海葵与海葵鱼是动物界共生关系中极为有名的例子。海葵是刺胞动物门珊瑚纲六放珊瑚亚纲海葵目，是一群不具有骨骼或骨针的类群，与一般珊瑚不同，海葵体呈圆柱状，一端为基盘，固定在岩石或沙里或其他物体上，另一端有口，口周围有口盘，有几圈具刺细胞的触手用于捕食鱼虾及活的小动物，但却允许海葵鱼栖身其中。海葵鱼以海葵为基地，在周围觅食，一遇险情就立即躲进海葵触手间寻求保护。然而，并不是所有的海葵都会与海葵鱼共生，全世界仅有 10 种巨型海葵会与海葵鱼共同生活，而且它们都生长在印度、太平洋的热带海域或温暖洋流可及的水域。

海葵鱼与海葵共生具有双向选择性。首先，不同种类海葵鱼与海葵共生能力不一，有的海葵鱼能与多种海葵共生，有的只能与一种海葵共生。克氏双锯鱼与海葵共生能力最强，能与 10 种海葵共生，它们是向定隐丛海葵（台湾地区名：黏著隐树海葵，俗名：拿破仑地毯海葵）（*Cryptodendrum adhaesivum*）、夏威夷异辐海葵（俗名：夏威夷海葵）（*Heteractis malu*）、多琳巨指海葵（俗名：斑马海葵 / 长须紫海葵）

（*Macrodactyla doreensis*）、四色篷锥海葵（俗名：奶嘴海葵）（*Entacmaea quadricolor*）、串珠双辐海葵（俗名：念珠海葵 / 砂海葵）（*H. aurora*）、卷曲异辐海葵（俗名：紫点海葵）（*H. crispa*）、壮丽双辐海葵（俗名：公主海葵）（*H. magnifica*）、汉氏列指海葵（俗名：彩色地毯海葵）（*Stichodactyla haddoni*）、巨型列指海葵（俗名：长须地毯海葵）（*S. gigantea*）以及莫氏列指海葵（俗名：莫顿地毯海葵）（*S. mertensii*）；而透红小丑（棘颊雀鲷）只能与四色篷锥海葵共生。其次，不同种类海葵容纳的海葵鱼种类也不同。如卷曲异辐海葵能与 14 种海葵鱼共生；而向定隐丛海葵和夏威夷异辐海葵只能容纳克氏双锯鱼。表 2-1 统计了目前发现的海葵鱼在自然界中与海葵共生的情况。

Allen（1972）对海葵鱼宿主特异性演化作了解释，认为最初的海葵鱼种类能与多种共宿主海葵共生，经过漫长的进化时间，新的海葵鱼种类进化形成了与特定宿主海葵比较专一的共生关系。然而，Elliott 等（1999）研究认为古老的海葵鱼只与一种或少数几种海葵共生。因此，宿主普遍性是进化树进化的衍生特征（Derived Trait），进化树上派生程度较大的海葵鱼只与 1 种或少数几种海葵共生。已经知道，宿主特异性模式是海葵鱼幼鱼被海葵释放的化学物质吸引所致（Miyagawa，1989，Elliott 等，1995），这些行为都被认为是天生的，有很强的遗传基础。因此，宿主特异性在海葵鱼生态位分化和种群适应性扩张（Adaptive Radiation）过程中可能起到重要作用（Elliott 等，1999）。

表 2-1　海葵鱼与海葵共生关系

海葵	向足隐丛海葵 *C. adhaesivum*	四色垂锥海葵 *E. quadricolor*	串珠双辐海葵 *H. aurora*	卷曲异辐海葵 *H. crispa*	壮丽双辐海葵 *H. magnifica*	夏威夷异辐海葵 *H. malu*	多琳巨指海葵 *M. doreensis*	巨型列指海葵 *S. gigantea*	汉氏列指海葵 *S. haddoni*	莫氏列指海葵 *S. mertensii*
眼斑双锯鱼 *A. ocellaris*					+			+		+
海葵双锯鱼 *A. percula*				+	+			+		
大堡礁双锯鱼 *A. akindynos*		+	+	+					+	+
阿氏双锯鱼 *A. allardi*		+	+	+	+					+
二带双锯鱼 *A. bicinctus*		+	+	+	+			+		+
查戈斯双锯鱼 *A. chagosensis*	?	+	?	?	+	?	+	?	?	+
金腹双锯鱼 *A. chrysogaster*			+	+	+		+		+	+
橙鳍双锯鱼 *A. chrysopterus*		+	+	+	+				+	+
克氏双锯鱼 *A. clarkii*	+	+	+	+	+	+	+	+	+	+
棕尾双锯鱼 *A. fuscocaudatus*										+

续表

海葵	向定隐丛海葵 C. adhaesivum	四色篷锥海葵 E. quadricolor	串珠双辐海葵 H. aurora	卷曲异辐海葵 H. crispa	壮丽双辐海葵 H. magnifica	夏威夷辐海葵 H. malu	多琳巨指海葵 M. doreensis	巨型列指海葵 S. gigantea	汉氏列指海葵 S. haddoni	莫氏列指海葵 S. mertensii
侧带双锯鱼 A. latifasciatus										+
三带双锯鱼 A. tricinctus		+	+	+						+
阿曼双锯鱼 A. omanensis		+		+						
红双锯鱼 A. rubrocinctus		+						+		
麦氏双锯鱼 A. mccullochi		+		+						
大眼双锯鱼 A. ephippium		+								
白条双锯鱼 A. frenatus		+								
巴伯双锯鱼 A. barberi		+		+						
黑双锯鱼 A. melanopus		+		+	+					
宽带双锯鱼 A. latezonatus				+						

续表

海葵	向冠隐丛海葵 C. adhaesivum	四色篷锥海葵 E. quadricolor	串珠双辐辐海葵 H. aurora	卷曲异辐海葵 H. crispa	壮丽双辐海葵 H. magnifica	夏威夷异辐海葵 H. malu	多琳巨指海葵 M. doreensis	巨型列指海葵 S. gigantea	汉氏列指海葵 S. haddoni	莫氏列指海葵 S. mertensii
数斑双锯鱼 A. polymnus				+					+	
双带双锯鱼 A. sebae					+					
背纹双锯鱼 A. akallopisos				+	+					+
白罩双锯鱼 A. leucokranos					+					+
浅色双锯鱼 A. nigripe				+	+					
颈环双锯鱼 A. perideraion				+	+		+	+		
白背双锯鱼 A. sandaracinos					+					+
太平洋双锯鱼 A. pacificus									+	
希氏双锯鱼 A. thiellei	?	?	?	?	?	?	?	?	?	?
棘颊雀鲷 P. biaculeatus		+								

C: Cryptodendrum; E: Entacmaea; H: Heteractis; M: Macrodactyla; S: Stichodactyla

十表示相容, ? 表示未确定。(引自 Fautin & Allen 1992, Allen, Drew et al. 2008, Allen, Drew et al. 2010)

二、海葵鱼和海葵共生对双方益处

大多数海葵鱼游泳能力弱、几乎无防御能力。当遭受威胁时,海葵鱼撤退到海葵触手中寻求庇护。因此,对于海葵鱼而言,海葵鱼在和海葵互利共生现象中获益非常大,虽然海葵鱼和海葵的共生关系并不是密不可分,但在野生环境下,如果没有海葵的保护,许多种类的海葵鱼很容易被其他海洋动物捕食,无法生存(Fautin 和 Allen,1997)。与海葵共生给海葵鱼带来的益处总结起来有以下几个方面:(1)野生环境中,海葵鱼总是生活在固定的共生海葵中,受到海葵的保护。海葵带刺的触手能够为海葵鱼躲避掠食者提供避风港,如果海葵鱼远离海葵中,很快就会被掠食者杀戮。不仅仅是鱼本身,而且海葵鱼把卵产在海葵触须下面,同样受到海葵的保护。因此,对于海葵鱼而言,海葵是其必不可少的庇护所和产卵场所(Fautin 和 Allen,1997)。(2)海葵鱼可以捡食海葵吃剩的食物碎片、排遗及身上脱落的皮屑、黏液等,也可捕食海葵身上的寄生虫及其他共生生物(Fautin,1991)。(3)海葵帮助海葵鱼清洁其身体上的寄生虫。(4)与海葵共生有助于提高海葵鱼的生长速率(Madhu 等,2009)。

在过去较长一段时间里,海葵鱼与海葵共生对海葵的重要性并不为人们所了解,而近年来随着研究的深入,人们发现这种互利共生现象对海葵同样非常重要,有时也关系到海葵能否在野生环境下生存的问题。总的来讲,海葵从共生关系中获得的益处有以下几个方面:(1)海葵鱼捕捉食物并喂给共生的海葵。(2)海葵鱼保护海葵,提高海葵的成活率(Porat 和 Chadwick-Furman,2004;Holbrook 和 Schmitt,2005)。研究表明,海葵鱼会强烈保护海葵免受捕食者(如蝶鱼)的捕食,没有海葵鱼的守卫,蝶鱼很快就能消灭一只海葵(Godwin 和 Fautin,1992)。(3)海葵鱼在正常游泳的过程中无意间完成了许多有益于海葵的任务。海葵鱼搅动海葵触手周围的水流,帮助清除海葵口器周围的废物及其身上的淤泥、黏液和寄生虫。(4)海葵从共生关系的海葵鱼身上直接或间接获得所需营养物质。海葵鱼为与海葵共生的虫黄藻提供含氮、磷、硫等的营养物质,虫黄藻进而给海葵提供能量(Porat 和 Chadwick-Furman,2005;Roopin,等 2008;Roopin 和 Chadwick,2009)。(5)提高海葵生长和繁殖能力。研究表明,有海葵鱼共生的海葵,其生长率和繁殖率大大高于没有海葵鱼共生的海葵(Holbrook 和 Schmitt,2005)。

三、海葵鱼与海葵共生机理

一般来说,海葵防御敌害的机制有:(1)通过带刺的刺丝囊注射毒素,如麻痹性多肽和蛋白质。(2)体表覆盖能溶解细胞蛋白质的黏液,该黏液包含非常有效的溶血素和鱼毒素,当鱼置于该溶细胞素稀释液(小于 0.5 mg · mL^{-1})中时,在 1 h 内可因腮部遭受严重损害而死亡(Mebs,1994,2009)。通过以上机制,海葵可以杀死入侵鱼类,但海葵鱼为什么不受影响呢?

Caspers(1939)的伪装假说认为海葵鱼体表覆盖一层类似海葵组织的薄膜进行化学伪装(Chemical Camouflage),海葵视海葵鱼为"自身"而不伤害它,海葵触手接触到海葵鱼时不会排放细胞毒素。通过对海葵黏液进行放射性同位素标记,Schlichter(1975,1976)实验得出海葵鱼体表覆盖的化合物源自于海葵组织。Mariscal(1971)观察到海葵鱼与海葵共生前有一定的适应期,在这个时期海葵鱼不断深入徘徊于海葵附近,但避免接触海葵。在适应过程中,海葵鱼体表黏液逐渐发生改变,变成类似海葵黏液成分。然而,Lubbock(1980)发现克氏双锯鱼与汉氏列指海葵接触时无需适应期,意味着鱼体本身分泌了保护性黏液。通过电泳和组织化学研究,Lubbock(1981)得出结论,认为克氏双锯鱼体表黏液化学成分区别于其他非共生鱼类,该黏液缺少刺激刺细胞排放的化学物质,并不是包含抑制性物质。

其他学者也暗示一些海葵鱼,特别是克氏双锯鱼,能产生自己的保护性黏液层,具有天生的免受海葵伤害能力(Miyagawa 和 Hidaka,1980;Miyagawa,1989)。另一方面,通过酶联免疫吸附试验(Enzyme-Linked Immunosorbent Assay, ELISA),Elliott 等(1994)发现与海葵接触过的克氏双锯鱼体表黏液层存在该海葵黏液的抗原物质,而未与海葵接触过的克氏双锯鱼体表黏液层不存在该抗原物质,认为克氏双锯鱼在与海葵不断接触时收集海葵身体上的薄膜,并与自己的薄膜合成。据此推断,具有天生受保护能力的克氏双锯鱼能产生自身的黏液层,该黏液化学成分与海葵黏液是不同的;与海葵接触后从海葵处获得的物质可能提供额外的保护作用。克氏双锯鱼能与众多不同种类海葵共生的超强能力似乎也进一步支持这种假设。

Elliott 和 Mariscal(1997)观察到海葵鱼免受海葵伤害的能力随个体发育水平和种间不同而不同。海葵鱼的卵受海葵保护,而仔鱼则会被海葵捕获并被共生海葵杀死,但当变态为幼鱼后又不受海葵伤害,意味着幼鱼个体发育过程获得了一些保护能力。实验证明,海葵鱼适应海葵所需的时间在种间和种内都有差别,短则几分钟,长则几个小时甚至几天(Mariscal,1970；Lubbock,1980)。

Mebs(1994)发现海葵双锯鱼对壮丽双辐海葵溶细胞毒素具有较强的抵抗能力,即使毒素浓度达 10 mg·mL^{-1},海葵双锯鱼也安然无恙。而其他海葵鱼对海葵毒素却非常敏感,这意味着一些种类的海葵鱼已经进化出抵抗海葵分泌的毒素的能力,这可能通过特殊的机制如免疫应答来实现。然而,让人意外的有趣现象是克氏双锯鱼对海葵提取出的毒素却表现出非常高的敏感性。

海葵鱼和海葵共生理论还远不能统一。主要的两个假设分别为:(1)鱼类体表伪装成海葵黏液避免刺激刺细胞释放毒素;(2)海葵鱼体表存在避免受伤害的自身物质。现在还不清楚海葵鱼能具备多大程度的天生保护能力,多大程度上需要通过适应从海葵身上获得保护性物质。无论是天生还是后天获得,某些化学物质或者是掩盖鱼体表刺激性物质又或是抑制刺细胞排放毒素仍不明了。海葵鱼对复杂环境条件适应可能因种类而异,也可能取决于宿主海葵(Fautin,1991)。

第二节　强领域性

领域行为(Territoriality)是动物的一种重要行为。又称为护域行为、领域性,是指与保卫领域有关的一些行为活动。大多数定居鱼类都有领域性,海葵鱼具有强领域性(Fautin,1991),选择好一块领地后(在自然界中一般是占领海葵),它们会在这个范围内不停地来回巡游保卫家园,防止同种或者不同种类的鱼入侵。特别是在繁殖期,这种行为表现得尤为强烈。海葵鱼领域的重要生物学功能:

(1)领域为海葵鱼提供了庇护场所,海葵带刺的触手能够为海葵鱼躲避掠食者提供避风港。

(2)领域为海葵鱼提供了食物来源。一般在领域范围内鱼类就可获得足够的食物。共生海葵捕获的敌害可作为海葵鱼食物来源之一。海葵鱼在领域中获得好处的同时,还要付出一定的代价,即保卫领域所消耗的能量。当好处大于代价时,那么占有一个领域就是合算的,否则就不合算。

(3)领域为海葵鱼提供生殖场所。在繁殖季节,可以避免其他同种个体干扰,有利于海葵鱼交配、育幼等。海葵鱼繁殖产卵均在其领域内进行,海葵鱼通常把卵产在海葵触须下面,整个胚胎发育受到海葵的保护。

（4）领域对于海葵鱼种群密度的调节有一定的影响。当一个海葵的占统治地位的雌鱼或雄鱼被人为地移走或发生自然死亡时,这个领域很快就会被新的个体占有。同时,领域统治者的存在抑制着其他个体进入领域定居,能迫使低等级(大部分是正在生长的幼年个体)的鱼出走,并寻找适宜的生境,所以,领域行为对海葵鱼种群密度有一定的限制作用。研究表明,领地的大小与定居海葵鱼个体和数量呈正相关(Fricke,1979; Moyer,1980; Hattori,1991)。

（5）海葵鱼的领域行为还可以减少海葵鱼个体或群体之间的冲突,即攻击行为的发生。

海葵鱼领地的守卫工作主要由亲鱼来完成,保护领地的行为包括攻击、追逐、恐吓和竖起鱼鳍等(Ross,1978)。如果入侵者仍坚持侵犯领域的话,领域占有者只好通过防御格斗将入侵者赶出界外,甚至予以消灭。可见,海葵鱼领域行为与攻击、防御、繁殖、护幼行为密不可分。

第三节　社群结构

一、海葵鱼的社群结构组成

海葵鱼在长期进化过程中形成了相对稳定的、典型的一夫一妻制度,这种对偶匹配关系可以持续多年(Allen,1972; Fricke,1974; Moyer & Nakazono,1978; Ross,1978; Fricke,1979; Moyer,1980; Ochi,1989; Hirose,1995)。这种一雌一雄的对偶匹配关系一般只有在其中一方缺失的情况下才会被打破。重婚现象,比如1尾雄鱼同时和2尾雌鱼配对,偶尔也能发现(Moyer 和 Bell,1976; Moyer,1980; Ochi,1989)。Ochi(1989)暗示当配对亲鱼为了寻找新的更大的配偶或新的更大海葵的时候容易发生重婚现象。在日本温带海区的研究(Moyer 和 Bell,1976; Moyer,1980; Ochi,1989)暗示由于海葵的高密度分布使海葵鱼在不同宿主之间来去自由,增加了入侵其他配对亲鱼领域的机会,因而重婚现象可能提升。

海葵鱼的社会群体由1对亲鱼以及数量不定的未激活雄鱼(Non-active Males)和幼鱼组成(Moyer 和 Bel,1976; Moyer 和 Nakazono,1978; Moyer,1980; Ochi,1989; Hattori 和 Yanagisawa,1991; Hattori,1994; Hattori 和 Yamamura,1995)。个体最大的,也是在社会关系中起统治地位的鱼是雌鱼,其性腺是功能性(Functioning)卵巢,只包含卵巢组织。第2大个体是雄鱼,具有功能性精巢,也包含非功能性(Non-functioning)

卵巢组织(Moyer 和 Nakazono,1978;Hattori 和 Yanagisawa,1991)。个体再小是未激活雄鱼,同时拥有不成熟的卵巢和精巢组织。幼鱼只拥有不成熟的卵巢组织(Hattori 和 Yanagisawa,1991)。因此,海葵鱼社会等级(Social Hierarchies)是比较简单的按个体大小排列的等级结构。统治者是1对亲鱼,其中第1级为雌鱼,第2级为雄鱼;被统治者有 0 ~ 4 个成员,分列 3 ~ 6 级(Fricke,1979;Ochi,1986;Hattori,1991;Buston,2003)。

　　海葵鱼群体大小主要取决于区域内海葵大小、海葵密度以及占统治地位的亲鱼个体大小。研究表明,海葵鱼群体大小和海葵大小线性相关(Buston,2003;Kobayashi 和 Hattori,2006)。现有居住者仅在海葵容纳饱和度低时允许新居民定居,在海葵容纳饱和度高时驱逐地位低的海葵鱼。海葵容纳饱和度方程为:

$$y=O+ 4.709x-0.037x^2$$

其中,O 为海葵口盘直径;x 为海葵鱼体长总和(GSL);y 为饱和度(正数表示饱和;负数表示未饱和)(Buston,2002)。在区域内,海葵数量足够多的情况下,海葵鱼如黑双锯鱼形成只由 1 对亲鱼组成而没有非亲鱼存在的特殊社群(Ross,1978)。Buston 和 Cant(2006)证实海葵双锯鱼(公子)群体中相邻阶层个体大小比约为 1.26;因此雌鱼个体大小决定了群体其他成员的大小等级,也决定了的群体最大规模。

二、社群形成与演替规律

　　Fricke(1974)发现海葵鱼可以通过视觉辨别共生海葵,但 Elliot 等(1995)研究表明,在有海流的时候,即使是在顺流 8 m 远处,海葵鱼也能够辨别自己喜欢的海葵味道而定居成功;相反,在没有海流的情况下,海葵鱼定居能力将大大降低,所以认为,海葵鱼定居主要依赖嗅觉寻找共生海葵,而非依靠视觉辨别海葵或是否有同种鱼类而定居。Arvedlund(1999)发现黑双锯鱼的卵在孵化期间就被进行了"胎教"。卵被放置在父母居住的海葵根部附近,并在那里孵化。珊瑚口器和触手释放的黏液影响着发育中的卵。这种嗅觉上的胎教帮助年幼的海葵鱼选择与它们父母居住的同种类的海葵。因此,海葵鱼通过"胎教"使幼鱼主要利用嗅觉来识别可以共生的海葵(Arvedlund 等,2000),而最终能否定居成功,则要看当前海葵的容纳量。Dixson 等(2008)证实海葵鱼这种嗅觉识别能力是天生而非后天学习所得。定居成功后,社群的新成员往往都排在队列末尾,成为社群中最低级成员(Buston,2004)。

　　Buston 等(2007)利用微卫星方法调查分析海葵双锯鱼群体内的亲

缘关系,得出在一个群体内海葵双锯鱼无亲缘关系。所以,海葵鱼尽管通过胎教获得辨别其父母居住海葵的味道,但定居时并不会寻找其父母形成有亲属关系的群体。可能是为了避免近亲繁殖造成品种衰退,更重要的原因可能在于寻找父母的代价太大,而选择最先发现的合适海葵作为居住地,以尽量降低寻找定居地时被捕食的危险。

海葵鱼一旦定居成功后一般不会自愿离开这个海葵(Buston 等,2007),主要原因在于:(1)在移居过程容易被捕食。(2)获得更好生存条件机会很小,因为每个海葵都被占用。(3)在当前的海葵中有机会晋级,最终成为统治者。

海葵鱼亲鱼能容纳幼鱼共存形成社群的原因,有两种假设。一种观点认为是为了缩短亲鱼重新繁殖的时间。Fricke(1979)认为背纹双锯鱼幼鱼存在对亲鱼的好处在于:当亲鱼其中之一死亡后,幼鱼能迅速和存活亲鱼配对取代死去的亲鱼。另一种观点认为亲鱼是"无偿"容忍幼鱼的。Buston(2004)认为,海葵双锯鱼幼鱼的存在对亲鱼无任何明显帮助。从一个群体中移开幼鱼后,对亲鱼存活、生长和繁殖都没有显著影响;而移去其中一尾亲鱼后,幼鱼对缩短亲鱼重新繁殖的时间有少许帮助。而在某些温带海区,克氏双锯鱼配偶替代常常从其他海葵移居过来,而亲鱼仍然允许幼鱼存在(Ochi,1989;Hattori,1994),在这样的群体里幼鱼对缩短亲鱼重新繁殖的时间没有帮助。最后得出结论,海葵鱼幼鱼的存在对亲鱼既不增加也不会损害亲鱼的利益,所以,亲鱼是"无偿"容忍幼鱼存在。也许幼鱼通过其他途径使社群受益,比如通过使海葵受益,而间接使社群受益,而得以被允许共存。

而幼鱼与亲鱼和平相处,是为了有潜在机会成为统治者。在相对稳定的海葵鱼社群中,遵循着严格的演替规律,即列队等候以取得统治地位。如果一个群体中雌鱼死亡,则有两种现象可能发生:(1)雄鱼迁移到另外一个群体被另一个雌鱼接纳(Kuwamura 和 Nakashima,1998)。(2)雄鱼发生性转化,迅速生长成为雌鱼,而最大的非亲鱼也迅速生长成为雄鱼(Allen,1972;Fricke,1983;Ochi,1989;Fautin,1992)。所以,社群中个体的升级现象只有在前一级海葵鱼缺失的时候才会出现(Buston,2004)。

三、群体中个体生长控制

研究表明,海葵鱼群体中个体的生长受自身因素与社会因素的影响。首先,海葵鱼个体生长速率与其个体大小呈负相关(Hattori,1991);其次,作为统治者,海葵鱼亲鱼成熟产卵后由于较多能量用于繁衍后代,造成生长缓慢。而且,雄鱼生长与雌鱼生长正相关;雌鱼强烈抑制雄鱼生长,其体长增长绝对值大于雄鱼。如白条双锯鱼雌鱼体长约为雄鱼的 1.6 倍(Hattori,1991)。再者,被统治者的生长受统治者抑制(Allen,1972；Fricke,1979)。

对于海葵鱼亲鱼抑制幼鱼生长的机理,研究者们认为:(1)统治者对被统治者抑制作用。海葵鱼亲鱼通过攻击行为抑制被统治者的生长,被统治者为躲避攻击而耗费能量造成可用于生长的能量减少,或被统治者对攻击的紧张反应使可用的能量不能用于生长(Allen,1972；Fricke,1974；Ochi,1986；Hattori,1991)。不同品种海葵鱼的攻击性不同,如颈环双锯鱼每小时攻击次数可高达 40 次(Allen,1972),大堡礁双锯鱼每小时攻击次数也大于 12 次(Fricke,1979),而海葵双锯鱼每小时攻击次数小于 1 次(Buston 和 Cant,2006)。(2)统治者通过拦截食物资源(Forrester,1991),限制了被统治者的摄食量,从而抑制其生长。但也有人认为,被统治者的主动调节是限制其生长的主要原因。被统治者通过主动减少摄食(Koebele,1985),或者通过增加分泌应急激素或生长激素抑制素(包括神经元)而抑制自身生长(Buston 和 Cant,2006),以保持与上级的体型差异,避免被驱逐出去。

第三章　海葵鱼的繁殖

在过去二三十年里,海葵鱼繁殖生物学,特别是雄性先熟的性转化研究引起研究者极大的兴趣(Allen,1972；Moyer & Nakazono,1978；Ross,1978；Fricke,1979；Moyer,1980； Ochi,1989, Richardson 等,1997),他们对繁殖生物学的其他方面,包括繁殖季节、产卵量、求偶和产卵行为也有所研究。

第一节　海葵鱼繁殖生物学

一、雌性先熟性转换

海葵鱼一个显著的繁殖行为特征是雄性先熟的性转化现象,这是雀鲷科鱼类特有的性别分化模式(Moyer 和 Nakazono,1978)。雄性先熟鱼类生殖系统首先发育成雄性,最后性转化为雌性,与雌性先熟鱼类恰恰相反(Robertson,1972；Warner,1984)。当巢内海葵鱼雌性缺失时,雄性就会变身成雌性,这种转变是不可逆的,一旦变成了雌性就再也不能成为雄性。但也有研究表明,在某些情况下,幼鱼能够跳过变成雄鱼过程,直接变成雌鱼(图 3.1)。这往往发生在雄鱼和雌鱼均离开巢穴的情况,以及幼鱼所来到的新巢穴中雄鱼和雌鱼都十分弱势的情况下。如日本海域由于海葵密度很高,克氏双锯鱼在不同宿主海葵间迁移很容易,在雌鱼缺失后,雄鱼往往会寻找另一个宿主海葵中的雌鱼重新配对,原来的社群中的幼鱼或者未激活的雄鱼就可以直接发育成雌鱼,并终身保有雌性功能(Hattori 和 Yanagisawa,1991)。

Rattanayuvakorn 等(2006)描述了鞍斑双锯鱼性腺发育和性转化过程。1 个月的幼鱼为未分化性腺,具有聚成团的原始性细胞,2 ~ 3 个月幼鱼性腺展现出未成熟的雌雄同体特征,包含发育早期的雌雄生殖细胞,即处于核染色质 – 核仁期(Chromatin-Nucleolus Stage)的精原细胞、初级精母细胞、初级卵母细胞、卵原细胞。精子产生开始于 4 个月,此时幼鱼性腺具有精巢,内有处于各发育阶段的精细胞,而卵巢腔发育较晚,5个月才出现。在此两性腺中,精巢区在外围,而卵巢区在中央,精巢区和卵巢区之间没有结缔组织分隔。6 ～ 11 月幼鱼卵精巢慢慢增大。雄性先熟性转化现象最早发现于 12 个月,性转化特征是雄性生殖细胞退化,沉积棕黄色色素以及卵黄卵母细胞形成。在产卵前,雌鱼性腺具有大量处于各个阶段的卵黄卵母细胞,而雄鱼具有卵巢和精巢组织。大部分已配对的雌鱼在 14 个月的时候性腺成熟开始产卵。

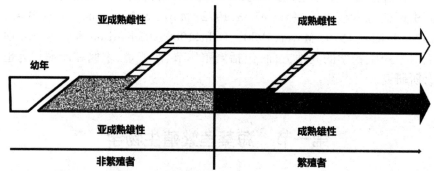

图 3.1　海葵鱼性腺发育的 3 种途径（线条宽度代表每条途径的相对几率）（图片来源：Hattori 和 Yanagisawa, 1991）

　　综合不同学者组织学研究结果,海葵鱼性腺发育可以分为以下几个阶　段(Hattori 和 Yanagisawa,1991；Godwin,1994；Rattanayuvakorn 等,2006；Casadevall 等,2009)：(1)未成熟幼鱼性腺,由含初级卵母细胞卵巢组织占据了性腺的大部分,同时具有非功能性精巢组织。(2)亚成体(Subadult)性腺,拥有一些功能性精囊和初级生长阶段的卵母细胞,没有可分辨的卵巢片层(Lamellae)。(3)成熟雄鱼性腺为两性性腺,具有成熟的精巢组织(有不同发育阶段的精母细胞)和未成熟的卵巢组织(有卵原细胞卵囊和卵黄发生前期卵母细胞组织)。(4)性转化时期性腺,精巢组织退化,出现大量的游动精子,卵巢组织发育,充满卵黄发生前期卵母细胞。(5)成熟前期雌鱼(Pre-ripe Female Phase),具有卵巢腔和含卵片层(Ovigerous Lamellae),只有周边核仁期卵母细胞(Perinucleolus Oocytes),没有精母细胞、精细胞或者精子。(6)成熟雌鱼,拥有一个卵巢组织,具有不同时期的卵母细胞,而精巢组织减少至很小的一条窄带,退化的组织包围着性腺。这一阶段可根据有无卵黄期卵母细胞(Vitellogenic Oocytes)进一步划分为两个期(I 和 II)(表 3–1)。Casadevall 等(2009)形象地展示了海葵鱼性腺发育的一般过程(图 3.2)。

　　可见,与其他双性鱼类性腺发育比较,海葵鱼性腺发育有其特殊性：

未分化性腺首先分化为卵巢,然后精巢组织在卵巢中发育,形成双性性腺。在双性腺中,卵巢和精巢之间没有结缔组织薄膜隔开,而其他双性鱼类性腺一般都有结缔组织薄膜隔开卵巢和精巢。

表 3-1 海葵鱼不同发育阶段性腺特征

性腺阶段 Gonad Phase	ov	oa	oc	I	op	sc	sp	ss	cs
未成熟 Immature	-	-	-	-	+	-	-	-	-
雄性成熟前期 Pre-ripe Male	-	-	-	-	+	+	+	+	-
雄性成熟期 Ripe Male	-	-	-	-	+	+	+	+	+
性转化期 Transitional	-	-	-	-	+	-	+/-	+	-
雌性成熟前期 Pre-ripe Female	-	-	+	+	+	-	-	-	-
雌性成熟 I 期 Ripe Female I	-	+	+	+	+	-	-	-	-
雌性成熟 II 期 Ripe Female II	+	+	+	+	+	-	-	-	-

注: ov 为卵黄形成期卵母细胞, oa 为皮层小窝期卵母细胞, oc 为卵巢腔, I 为含卵片层, op 为周边核仁期卵母细胞, sc 为精母细胞囊, sp 为精母细胞, ss 精细胞 / 精子, cs 为由许多包囊组成的复合结构。+ 表示有, – 表示无, +/– 表示少量或无。(引自 Hattori 和 Yanagisawa,1991)

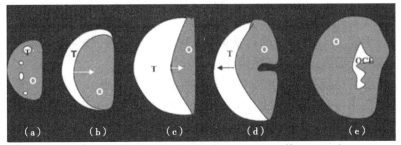

图 3.2 海葵鱼性腺发育过程(Casadevall 等,2009)

(a)未成熟幼鱼;(b)未成熟雄鱼;(c)成熟雄鱼;(d)性转化过程;(e)功能性雌鱼)

(O:卵巢组织,OCL:卵巢中心腔;T:精巢组织)

类固醇激素与海葵鱼性转化和性别分化过程关系密切。Godwin 和

Thomas（1993）测定了性转化过程中黑双锯鱼血浆中几种类固醇激素和皮质醇含量。结果表明雄鱼血浆中 11-酮睾丸激素（11-KT）的浓度比雌鱼高，而雄烯二酮（Ad）、睾酮（T）和雌二醇 -17[11]（E_2）水平较低。当配对亲鱼中雌鱼移开后 10 d，雄鱼血浆中这 3 种雄激素水平下降，成熟雌鱼 E_2 水平显著高于雄鱼。然而，E_2 水平的增加落后于卵原细胞的增殖，所以认为 E_2 引发雌性卵巢发育的说法是不可信的。雌雄鱼血浆中皮质醇水平无差异，但在性转化过程中浓度增加。

类固醇激素是胆固醇在特化的类固醇生产细胞（SPCs）上的各种类固醇酶作用下，经一系列变化合成的。细胞色素 P450 胆固醇侧链裂解酶是类固醇旁路产生的第一个酶，因此对产生其余类型的性激素起到至关重要的作用。Miura 等（2008）运用免疫组织化学法，发现细胞色素 P450scc 免疫阳性细胞在 30 日龄的克氏双锯鱼幼鱼未分化性腺中开始出现，在 60 日龄开始的整个卵巢分化过程中数量增加；随后精巢在卵巢中发育时也持续增加，直至 210 日龄。在 270 日龄时，该免疫阳性细胞在卵巢组织中出现的几率比在精巢组织中高。由此证实内源类固醇激素在克氏双锯鱼性别分化中起到重要作用。在双性性腺雄鱼阶段，P450scc 免疫阳性细胞在成熟的精巢组织和未成熟的卵巢组织细胞间隙中表现活跃，在雌鱼阶段成熟的卵巢中，免疫阳性细胞在卵细胞间隙组织和包围成熟卵子的膜层中发现，表明在雄鱼阶段的双性性腺中，精巢和卵巢组织都能产生雄激素（Miura 和 Nakamura，2008）。类固醇合成酵素细胞色素 11β-羟化酶（steroidogenic enzyme cytochrome 11 beta-hydroxylase，P450 11 beta）参与 11-酮睾丸激素（11-ketotestosterone，11-KT）的合成，Miura 等（2008）（Miura, Horiguchi et al. 2008）运用免疫定位法测定了类固醇合成酵素细胞色素 11β-羟化酶，分析得出，性腺中生成的 11-酮睾丸激素随着精巢组织分化（分化前、中、后）而逐渐增加，雄鱼阶段性腺中产生的 11-KT 高于幼鱼精巢分化时或雌鱼阶段，说明雄激素在性腺分化和精子形成过程起了重要作用。

雌激素是繁殖必不可少的类固醇激素，在性成熟和性别分化中也起着重要作用，包括卵子发生、卵黄生成和精巢发育等方面。另外，雌激素还影响生长、性腺分化、繁殖周期和脂类代谢（Chatterjee 和 Beck-Peccoz，1994；Pakdel 等，2000）。雌激素作用（Action）首先由细胞核雌激素受体（*esr*1 和 *esr*2）调停（Mediated），该接收器功能是作为配体（Ligand-Dependent）转录因子调节目标基因的转录使其启动区含有一致的雌激素反应元件（ERE）。再者，雌激素通过细胞膜雌激素接收器（Membrane *esr*）发挥效用，各种各样的信号通路（Ca^{2+}、cAMP 和蛋白激酶信号通路）

被激发最终影响下行转录因子(Zhang 和 Trudeau,2006)。Kim 等(2010)描述了海葵鱼雌激素受体(*esr*)的分子特征以及注射 E_2 后对海葵鱼 *esr* 和卵黄蛋白原(*vtg*)的刺激作用。定量 PCR 结果显示,海葵鱼 *esr* 和 *vtg* 的 mRNA 表达随雌性性腺发育而增加,免疫印迹(Western-blot)分析结果显示,只在雌性海葵鱼的卵巢中才检测出 *esr*1 蛋白。注射 E_2 后,*esr* 和 *vtg* 的 mRNA 表达水平和血浆 E_2 水平均提高。

类固醇合成旁路的末端(转移)(Terminal Enzyme)酶是细胞色素 P450 芳香酶(Cyp19,cyp19 基因产生)。Kobayashi 等(2010)从成熟卵巢中分离出细胞色素 P450 芳香酶 cDNA 编码(Cyp19a1a),同步定量反转录聚合酶连锁反应(Real-time Quantitative RT-PCR),结果显示,Cyp19a1a 主要在雌性鱼的卵巢中表达;原位杂交和免疫组织化学观察结果也显示,Cyp19a1a 信号仅在雌性鱼的卵泡中表达,而在雄性鱼的雌雄同体性腺中未能发现,因此,Cyp19a1a 参与了雌性鱼的卵子发生,而没有在雌雄同体性腺中起作用。

社会因子即种内社会作用对海葵鱼性别控制和性转化有重大影响。研究表明,占据统治地位的眼斑双锯鱼亲鱼,其睾丸组织在性腺中的比例高于被统治者。虽然血浆中雌二醇、睾丸素和皮质醇含量没有显著差别,但占统治地位的海葵鱼其血浆 11- 酮睾丸激素含量显著升高。结果暗示低等级海葵鱼个体生殖的抑制在社会群体形成的最初阶段就明显了,高级别个体的性别分化由长期的社会作用逐步确定(Iwata 等,2008)。Iwata 等(2009)研究发现,占统治地位的眼斑双锯鱼个体,其脑中糖皮质激素受体(Glucocorticoid Receptor, GR)、热休克蛋白 HSP 90 和精氨酸催产素受体(AVTR)基因转录水平要高于下属个体。血液中皮质醇含量与统治行为正相关,而与从属行为负相关,所以,应激相关基因转录反映了社会阶层状况,从而导致性别分化。另外,Iwata 等(2010)研究了眼斑双锯鱼社群形成和脑精氨酸催产素(Arginine Vasotocin, AVT)系统的关系。结果表明,未成熟海葵鱼社会等级可以从行为上辨别,但不能通过性腺成熟指数(Gonadosomatic Index, GSI)识别,而海葵鱼视前区(Preoptic Area, POA)大细胞层(Magnocellular Layer)的神经元数量随社会阶层的提升而减少。这意味着海葵鱼社会等级的形成对脑 AVT 的生成起到调节作用。AVT 神经元支配帆鳍胎鳉(*Poecilia latipinna*)脑垂体的促肾上腺皮质细胞(Batten 等,1990),而促肾上腺皮质细胞影响虹鳟鱼(*Oncorhynchus mykiss*)促肾上腺皮质激素进而影响皮质醇的分泌(Baker 等,1996)。同样,海葵鱼 AVT 神经元也可能与皮质醇分泌关系密切。因此,海葵鱼社会等级的形成影响脑 AVT 的生成,从而可能导致低等级个体的生长和繁殖受到抑制,以及影响高等级个体的性别分化。

尽管目前对海葵鱼性转化机制已经进行了广泛的研究,近年更是运用了超微结构分析结合分子生物学方法,从解剖学、内分泌学和行为生态学等多角度试图阐明海葵鱼性转化的机理,但要完全阐明其机制还有很长的路要走。许多问题还没完全弄清楚,如在性转化过程中精巢如何退化,卵巢如何被激发,哪种特定激素在卵巢分化和精巢组织在卵巢中分化中起关键作用,这些激素又是怎么被触发的等等。

二、繁殖周期

关于海葵鱼的繁殖季节,研究者们已经分别对热带地区(Allen,1972; Ross,1978; Fricke,1979; Richardson 等,1997)、亚热带海区(Richardson 等,1997; Yeung,2000)和日本温带海区(Moyer 和 Bell,1976; Moyer, 1980; Ochi,1989)的情况作了调查研究。在热带海区,海葵鱼呈现典型的非季节性产卵模式。通过调查埃尼威托克岛(位于西太平洋)的颈环双锯鱼、橙鳍双锯鱼和三带双锯鱼以及关岛的黑双锯鱼,结果表明这 4 种海葵鱼没有明显的季节周期性的繁殖行为(Allen,1972; Ross,1978),也就是典型的整年无季节性的产卵模式。温带地区的海葵鱼则存在短暂的产卵季节,如日本海区的克氏双锯鱼种群的繁殖季节仅限于夏季,大约产卵 4 个月左右(Bell,1976; Ochi,1985)。在日本三宅岛(34°05'N, 39°30'E),克氏双锯鱼繁殖季节为 5 月中旬到 9 月末(Bell,1976; Ochi, 1985),在四国岛(33°00'N,32°30'E),产卵季节为 6 ~ 10 月(Ochi,1989)。 Moyer 和 Bell (1976)(Moyer 和 Bell,1976)研究暗示低温 13 ~ 16℃抑制了海葵鱼繁殖活动,而且,在寒冷季节,海葵鱼总是呆在巢穴区附近的庇护小洞或珊瑚里面,行为不活跃。亚热带海区海葵鱼则介于两者之间,如在澳大利亚东部海区(28"36'S,153"37'E)的宽带双锯鱼周年都可见产卵,产卵季节长短个体间差异显著,平均 5 个月左右;大堡礁双锯鱼(*A. akindyno*)产卵只在 11 ~ 5、6 月间,水温范围 19 ~ 26 ℃,产卵季节长达 1 ~ 7 个月,平均 3 个月左右(Richardson 等,1997)。可见,温带和亚热带海区海葵鱼产卵最高峰都是在海区水温最高的时候,表明温度对海葵鱼产卵季节起着决定性的影响作用。

虽然不同种类海葵鱼产卵高峰期一致,但同地区不同种类之间以及同种类不同亲体之间的产卵季节也存在较大差异,如澳大利亚东海岸的热带种类宽带双锯鱼产卵只限于夏秋季,而相同区域的本地特有种大堡礁双锯鱼则可以整年产量(Richardson 等,1997);同处于日本海域的克氏双锯鱼不同亲体产卵季节也有所不同（Bell，1976；Moyer 和 Bell，1976；Moyer，1980；Ochi，1985）。

　　热带海区海葵鱼的产卵周期表现出较明显的月周期或半月周期特性（Allen，1972；Ross，1978）。在西太平洋埃尼威托克环礁，颈环双锯鱼、二带双锯鱼和橙鳍双锯鱼产卵发生在满月左右的时间（Allen，1972）。关岛（热带）的黑双锯鱼展现上弦月和下弦月两个产卵高峰（Ross，1978）。而在温带和亚热带的海葵鱼产卵表现出比较弱的月规律性（Richardson 等，1997），如日本海域的克氏双锯鱼产卵月规律随年度和地理位置的不同而不同（Bell，1976；Ochi，1985）。亚热带海区的大堡礁双锯鱼在满月前后比在新月前后产卵次数略微增加，而宽带双锯鱼在满月前一个星期的产卵次数明显少于其他时期（Richardson 等，1997）。

三、产卵和孵化

　　在产卵前几天，海葵鱼攻击行为会变得更加强烈，另外还会进行产卵场所的准备工作（Allen，1972；Moyer 和 Bell，1976；Fautin 和 Allen，1992）。产卵期来临，海葵鱼亲鱼特别是雄鱼会在巢穴附近用嘴仔细地清除岩石上的藻类和污物，用尾鳍拂去砂土作为将来的产卵床。雄鱼和雌鱼性腺成熟时，雄鱼的交配器和雌鱼的输卵管会明显突出。产卵时雌鱼腹部伸出几毫米长的输卵管在岩石上摩擦自己的腹部，将卵一粒粒地产下。雄鱼也像雌鱼一样，在卵上摩擦射精，雄雌鱼交替产卵和射精（图 3.3）。在日本海域，克氏双锯鱼产卵通常发生在上午 9 点至下午 3 点，而以上午最为常见（Bell，1976；Moyer 和 Bell，1976；Moyer，1980；Ochi，1989）。产卵通常持续 1 h。

　　每个产卵季节海葵鱼产卵次数和产卵量因种类、所处地理位置，以及雌鱼体长和产卵季节长短而异。位于西太平洋马绍尔群岛的橙鳍双锯鱼、颈环双锯鱼和海葵双锯鱼平均每年产 12～24 次（Allen，1972），关岛的黑双锯鱼每年产 24 次（Ross，1978）。亚热带海区的宽带双锯鱼每年产卵 1～14 次，平均 8 次；大堡礁双锯鱼每年产卵 2～15 次，平均 6.7 次（Richardson 等，1997）。而位于温带地区（如日本海区）的海葵鱼，每年产卵 4～9 次（Bell，1976；Ochi，1985；Ochi，1989）。在产卵季节，海葵鱼一般每月产卵次数为 1～2 次，由于温带和亚热带海区产卵季节比较短，造成年产卵次数比热带海区少。

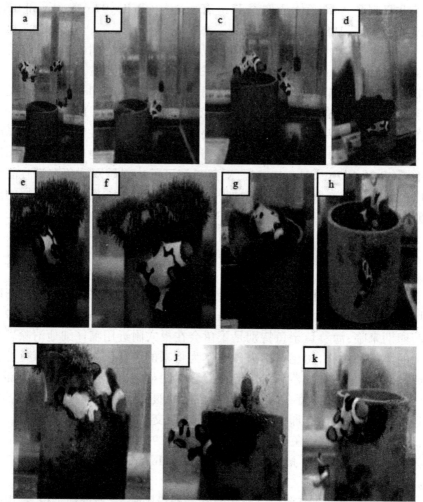

图3.3　海葵鱼的产卵过程（*Amphiprion sp.*）（Sahusilawane，2020）

（a）亲本；（b）雄性对产卵床清洗；（c）双亲对产卵床清洗；（d）雌性对产卵床清洗；（e）成熟的雌性；（f）雌性产卵器；（g）产卵；（h）受精；（i）双亲抚育受精卵；（j）雄性抚育受精卵；（k）雌性抚育受精卵

日本海域的克氏双锯鱼每次产卵量约 1 100 ~ 2 500,每年产卵量约 8 000 ~ 17 500（Bell,1976；Ochi,1985；Ochi,1989）。Ochi（1989）研究表明克氏双锯鱼雌鱼个体大小与产卵量呈正相关关系（N=78，r=0.46，P<0.001）。虽然热带海区海葵鱼产卵次数高于温带和亚热带地区,但目前还没有数据表明热带海区海葵鱼年产卵量会高于温带和亚热带海区,甚至 Bell（1976）暗示温带地区的克氏双锯鱼年产卵量要高于其他种类,但目前还没有具体数据支持这个结论。

海葵鱼产卵不仅有区域和种类差异,同区域同种类不同亲体之间的产卵次数和产卵量也存在较大差异。Ochi(1989)证明克氏双锯鱼雌鱼个体大小与年产卵次数呈负相关关系($N=69$, $r=0.26$, $P<0.05$)。温带、亚热带和热带地区野生和人工养殖的海葵鱼产卵量和产卵频率具体见表3-2。

表 3-2 温带、亚热带和热带地区野生和人工养殖海葵鱼产卵量和产卵频率

种类	位置	每年产量次数	每次产卵量	年产卵量	资料来源
热带 Tropical					
黑双锯鱼 A. melanopus	Guam (13"N)	19.78	200 ~ 400	7 200	Ross (1978)
二带双锯鱼 A. bicinctus	Red Sea	nd	600 ~ 1 600	9 600	Bell(1976)
金腹双锯鱼 A. chrysopterus	Eniwetok (11"N)	8 ~ 9	~ 400	3 000 ~ 5 000	Allen (1972)
颈环双锯鱼 A. perideraion	Eniwetok	8 ~ 9	300 ~ 700	2 000 ~ 4 000	Allen (1972)
亚热带/温带 Subtropical/warm-temperate					
克氏双锯鱼 A. clarkii	Miyake-Jima (34" N)	6 ~ 8	1 000 ~ 2 500	8 000 ~ 17 500	Bell(1976)
克氏双锯鱼 A. clarkii	Shiko-ku Is. (33" N)	2 ~ 9	1 600 ~ 5 400	11 000 ~ 15 000	Ochi (1985) Ochi (1989)
大堡礁双锯鱼 A. akindynos	Julian Rocks (27" S)	2 ~ 15	700 ~ 5 025	2 810 ~ 26 890	Richardson 等(1997)
宽带双锯鱼 A. latezonatus'	Julian Rocks	1 ~ 14	800 ~ 3 870	10 470 ~ 33 140	Richardson 等(1997)
人工养殖条件下 Aquarium/hatchery conditions					
海葵双锯鱼 A. percula		14.0	67 ~ 649	804 ~ 7 788	Hoff 等
刺颊雀鲷 P. biaculeatus		20.7	146 ~ 986	1752 ~ 11832	Hoff 等 (1996)

续表

种类	位置	每年产量次数	每次产卵量	年产卵量	资料来源
大堡礁双锯鱼 *A. akallopisos*		29.0	212 ~ 392	2 544 ~ 4 704	Hoff 等 （1996）
大堡礁双锯鱼 *A. akallopisos*		26.0			Gordon & Bok （2001）
克氏双锯鱼 *A. clarkii*		34.6	435 ~ 981	5 220 ~ 11 772	Hoff 等 （1996）
克氏双锯鱼 *A. clarkii*			1 417		叶乐等 （2008）
大眼双锯鱼 *A. ephippium*		25.9	225 ~ 869	2 700 ~ 10 428	Hoff 等 （1996）
白条双锯鱼 *A. frenatus*		27.2	309 ~ 551	3 708 ~ 6 612	Hoff 等 （1996）
白条双锯鱼 *A. frenatus*			450		叶乐等 （2008）
黑双锯鱼 *A. melanopus*		21.3	172 ~ 339	2 064 ~ 4 068	Hoff 等 （1996）
黑双锯鱼 *A. melanopus*			750		叶乐等 （2008）
眼斑双锯鱼 *A. ocellaris*		24.8	168 ~ 313	2 016 ~ 3 756	Hoff 等 （1996）
海葵双锯鱼 *A. percula*		13	200	5 000	Allen （1972）
双带双锯鱼 *A.sebae*					Fernando 等（2006）
颈环双锯鱼 *A. perideraion*		21	300 ~ 700		Ho 等 （2008）

在水族箱中，由于人工控制温度，似乎可以整年产卵，春秋季节产卵量增加（Hoff 等，1996），而且产卵月周期和月运周期之间也没有相关性（Alava 和 Gomes，1989）。尽管在人工条件下海葵鱼产卵次数远大于自然海区的同种鱼类，但似乎整年的产卵量仍然少于自然海区的产卵量（表 3-2）。

和其他雀鲷科鱼类一样，海葵鱼鱼卵在孵化过程中得到了来自亲本的细微关照。在整个孵化过程中，雄鱼守卫着卵避免遭受伤害，并用胸鳍、尾鳍摆动来去除卵上的污物，及让卵充分接触氧气，直至孵出鱼苗。此项活动自产卵之日起日益频繁，在孵化当日达到最高峰（Allen，1972；Moyer 和 Bell，1976；Ross，1978）。另一个亲本关怀行为是定期用嘴亲吻卵块,去除死卵(Allen,1972；Moyer & Bell,1976)。Moyer 和 Bell(1976)指出在孵化过程中,98% 亲本的关怀活动都是雄鱼执行的。而雌鱼忙于觅食,偶尔协助雄鱼照顾鱼卵(Allen,1972；Moyer 和 Bell,1976；Ross,1978)。

异源抚养是指个体对非直系后代的抚育,这种现象在自然界中通常有一定的频率发生,通常这种异源抚养行为会在繁殖个体或者群体中掌权者的胁迫下发生频率更高。例如,在合作繁殖的慈鲷鱼 *Neolamprologus pulcher* 中,无血缘关系的下属慈鲷鱼要协助在社群中占主导地位的一对慈鲷鱼照顾受精卵,否则他们将被占主导地位的一对亲鱼驱逐出领地(Zöttl 等,2013；Rohwer 等,1999；Wong 等,2011)。同样的,在克氏双锯鱼中,处于从属的地位的幼鱼要对统治地位的亲鱼的受精卵进行照看,这种行为被认为是受到了占统治地位的雌性亲鱼的胁迫(Yanagisawa 等,1986)。一般认为这种行为取决于个体可获得直接或间接的利益,个体通过对群体中处于主导地位的亲鱼后代的抚育来换取其生活在领地内的权利或者社会地位。然而,Elizabeth 等 2020 年的工作对这一理论提出了不同的看法,他们设计了两个实验(图 3.4),将一个海葵鱼群体中的亲本雄鱼去除以后,非亲本幼鱼开始抚育受精卵。将亲本雄鱼和雌鱼全部移除以后,非亲本幼鱼对受精卵的抚育行为进一步加强。并且随着时间的增加,非亲本幼鱼抚育受精卵的水平随着抚育经验的提高而提高。另外一个实验中将非亲本幼鱼单独放在一个鱼缸中,并移入一个陌生群体的受精卵,实验表明在 90 min 内大约有 30% 的非亲本幼鱼表现出父亲行为开始抚育受精卵。并且认为海葵鱼的这种异源抚养行为不是在雌鱼胁迫下产生的,而是一种自发的父系行为(Elizabeth 等,2020)。

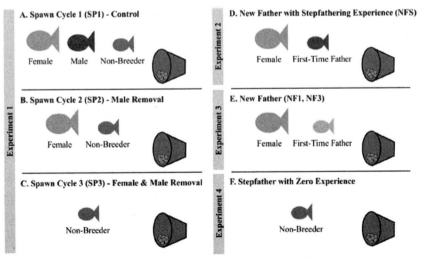

图 3.4　海葵鱼异源抚养实验设计（Elizabeth 等， 2020 ）

海葵鱼受精卵呈胶囊型,长约 3 mm,黏性卵,在长轴的一端,即卵的动物极一端,有纤维状的附着丝,附着在产卵床上(Allen,1972;Moyer 和Bell,1976;Fautin 和 Allen,1992)。随着胚胎发育,卵的颜色由橙色或橘红色逐渐变为棕黑色,最后接近孵化时出现银色的虹膜(图 3.5)。孵化通常发生在日落后 1.5 ~ 2 h,通常由雄鱼通过不断扇动卵块来完成(Allen,1972;Bell,1976;Moyer 和 Bell,1976;Ross,1978;Ochi,1985)。

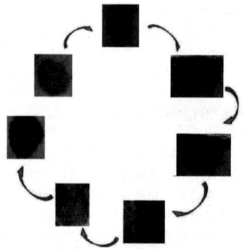

图 3.5　受精卵变化(Sahusilawane,2020)

整个孵化过程一般需 6 ~ 14 d。温度决定海葵鱼孵化时间的长短,孵化水温低,孵化时间延长。孵化最适水温为 25 ~ 29℃,在此温度下,一般 6 ~ 8 d 受精卵即可孵化成仔鱼,水温 20 ~ 22℃ 左右孵化需 14 d左右,孵化过程水温低于 20℃会导致孵化失败,双带海葵鱼孵化所需有效积温要低于红小丑和鞍背小丑(叶乐等,2008)。

四、胚胎发育

海葵鱼胚胎发育研究近年来受到重视。如 Green(2004)研究了黑双锯鱼的胚胎发育;Rattanayuvakorn 等(2005)研究了鞍斑双锯鱼的胚胎发育;Liew 等(2006)以及 Yasir 和 Qin(2007)研究了眼斑双锯鱼的胚胎发育;Ho 等(2008)研究了颈环双锯鱼的胚胎发育;Dhaneesh等(2009)研究了海葵双锯鱼的胚胎发育;鲍鹰等(2009)研究了白条双锯鱼的胚胎发育;Siva 等(2017)对五种海葵鱼(克氏双锯鱼、黑双锯鱼、浅色双锯鱼、眼斑双锯鱼、海葵双锯鱼)的胚胎发育进行了观察;Gunasekaran 等(2017)对双带双锯鱼(*A. sebae*)胚胎和幼体发育阶段做了详细研究。海葵鱼胚胎发育一般过程见表 3-3。

表 3-3　眼斑双锯鱼胚胎发育

天数 /Days	主要发育阶段 /Major stages of development
1	囊胚和原肠胚期完成。胚层覆盖了 50% 卵黄囊
2	神经胚期：头部形成；胚盾（Embryonic Shield）中间部位出现两个体节；黑色素细胞覆盖整个胚团
3	身体翻转、眼芽出现。头部两侧耳部出现耳石；心率（Heart Rate，HR）大约每分钟 55 ~ 60 次
4	心脏出现无色血液流动。HR ≈ 110 ~ 120 bpm，胚体腹侧出现两行黑色素细胞；眼芽着色
5	内耳和下颌形成。血液颜色加深。腮和鳃盖形成，体腔可见。头部腹面出现 4 个黄色素细胞；身体后部与卵黄囊分离；鳃盖骨和胸鳍开始移动
6	胚胎孵化。心包膜发育完全；HR ≈ 160 ~ 170 bpm，上下颌形成，但未开口；眼部完全着色，晶状体突出，后部耳石比前面的大约 3 ~ 4 倍
7	开口；体腔增大变黑，大部分黑色素细胞从卵黄囊表明转移到体腔
8	活动能力增强；卵黄囊缩小成小油球

不同海葵鱼的胚胎发育过程存在一定差别，在此我们搜集了几种被广泛研究的海葵鱼的胚胎发育过程，并辅以照片和文字进行说明，本部分内容主要来自 Siva 和 Gunasekaran 两位学者的各自工作。

在 Siva 的工作中，人工繁育 5 种海葵鱼（克氏双锯鱼、黑双锯鱼、浅色双锯鱼、眼斑双锯鱼、海葵双锯鱼），每天随机的取 5 个受精的卵细胞放在无菌的载玻片上，用带有紫外线滤镜的显微镜观察并用数码相机拍照记录，该研究记录了受精卵 1 ~ 8 d 胚胎发育的主要形态变和功能特征（图 3.6 ~ 图 3.10）。

第一天：

在第一天的胚胎中，受精卵的细胞质透明清晰，一个大油珠和多个不同大小的油珠散布在卵黄内。卵的动物极通过纤维附着丝连接在基质（陶罐和瓦片）上。

第二天：

24 h 后，卵裂完全停止，油滴从动物极向受精卵另一端移动。其中在克氏双锯鱼、浅色双锯鱼、眼斑双锯鱼 3 种海葵鱼的卵黄下部的头芽、头芽下区及卵黄周隙均清晰可见，但在黑双锯鱼、海葵双锯鱼 2 个种的胚胎中没有观察到头芽。在原肠期，囊胚向植物极延伸，油珠数量减少。

第三天：

胚胎中可以清楚地看见头部、肌节和尾部。这个时期的胚胎身体透明,没有肌肉组织,除了海葵双锯鱼外的其余4种均可见心叶结构。

第四天:

胚胎出现眼睛,黑色素细胞开始发育,尾巴与卵黄分离并可以自由摆动,但身体仍与蛋黄相连。在显微镜下,可以清楚地观察到卵黄,同时血液循环清晰。

第五天:

胚胎中口和眼明显可见,可观察到血管内的血液循环。提示胚胎的循环系统功能正常。

第六天:

在胚胎中,头尾明显与卵黄分开。此后,胚胎进一步扩大并占据了卵囊内的大部分空间。同时观察到胸鳍发育。

第七天:

在这一时期,卵黄囊变得很小,被胚胎的腹部覆盖。黑色素细胞分布在全身。 鳍和眼睛在克氏双锯鱼中发育良好,卵块呈现出银色。晚上19:00至20:00,幼鱼从卵囊中游离出来。

第八天:

在这个阶段鳍和眼睛发育良好,胚胎开始孵化,幼鱼通过自身的剧烈运动来打破卵囊的包裹。

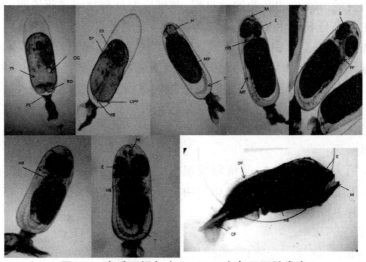

图3.6　克氏双锯鱼(*A. clarkii*)每日胚胎发育

图中缩写BC:胚孔关闭;BD:胚盘;BL:囊胚;BM:分裂球;CF:尾鳍;CP:尾柄;DF:背鳍;DG:消化系统;E:眼睛;ES:胚盾;G:鳃;GR:胚环;H:心脏;HB:心芽;M:口;MP:黑色素细胞;MT:肌节;OG:油珠;OPP:耳原基;PF:胸鳍;PS:围卵周隙;T:尾;YS:卵黄。(图片来源:Siva 等,2017)

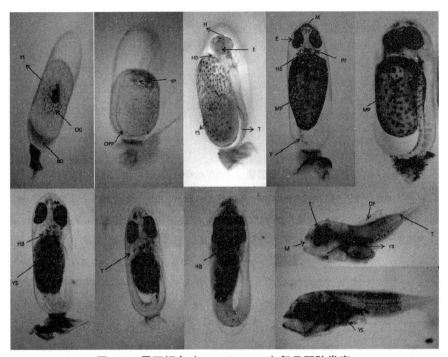

图 3.7 黑双锯鱼（*A.melanopus*）每日胚胎发育

图中缩写 BC：胚孔关闭；BD：胚盘；BL：囊胚；BM：分裂球；CF：尾鳍；CP：尾柄；DF：背鳍；DG：消化系统；E：眼睛；ES：胚盾；G：鳃；GR：胚环；H：心脏；HB：心芽；M：口；MP：黑色素细胞；MT：肌节；OG：油珠；OPP：耳原基；PF：胸鳍；PS：围卵周隙；T：尾；YS：卵黄。（图片来源：Siva 等，2017）

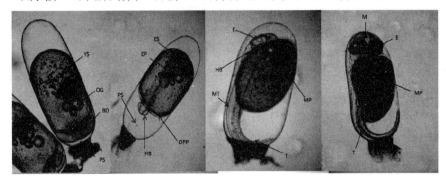

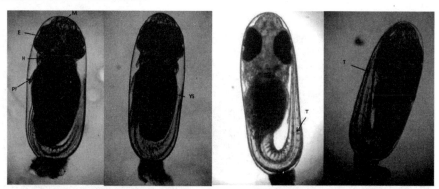

图 3.8　浅色双锯鱼（A.nigripes）每日胚胎发育

图中缩写 BC：胚孔关闭；BD：胚盘；BL：囊胚；BM：分裂球；CF：尾鳍；CP：尾柄；DF：背鳍；DG：消化系统；E：眼睛；ES：胚盾；G：鳃；GR：胚环；H：心脏；HB：心芽；M：口；MP：黑色素细胞；MT：肌节；OG：油珠；OPP：耳原基；PF：胸鳍；PS：围卵周隙；T：尾；YS：卵黄。（图片来源：Siva 等，2017）

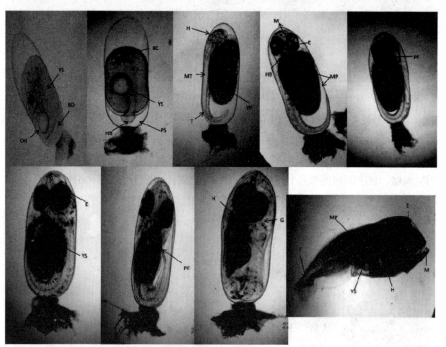

图 3.9　眼斑双锯鱼（A. ocellari）每日胚胎发育

图中缩写 BC：胚孔关闭；BD：胚盘；BL：囊胚；BM：分裂球；CF：尾鳍；CP：尾柄；DF：背鳍；DG：消化系统；E：眼睛；ES：胚盾；G：鳃；GR：胚环；H：心脏；HB：心芽；M：口；MP：黑色素细胞；MT：肌节；OG：油珠；OPP：耳原基；PF：胸鳍；PS：围卵周隙；T：尾；YS：卵黄。（图片来源：Siva 等，2017）

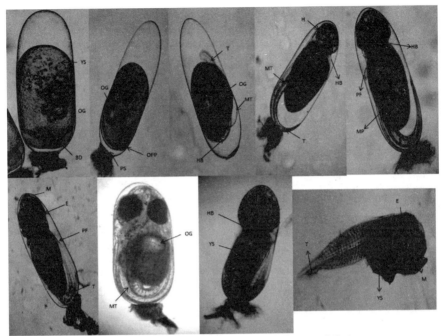

图 3.10　海葵双锯鱼（*A. percula*）每日胚胎发育

图中缩写 BC：胚孔关闭；BD：胚盘；BL：囊胚；BM：分裂球；CF：尾鳍；CP：尾柄；DF：背鳍；DG：消化系统；E：眼睛；ES：胚盾；G：鳃；GR：胚环；H：心脏；HB：心芽；M：口；MP：黑色素细胞；MT：肌节；OG：油珠；OPP：耳原基；PF：胸鳍；PS：围卵周隙；T：尾；YS：卵黄。（图片来源：Siva 等，2007）

　　Gunasekaran 等 2017 年对海葵鱼的胚胎发育过程进行了更精确的记录，实验采用了 5 对双带双锯鱼（*A. sebae*）作为材料，每天投喂 2 次不同的水煮饵料，如贻贝、蛤、牡蛎和毛虾等。所有的水箱均使用装有生物滤池的环水养殖，并保持相同的环境参数如温度（27.5 ± 0.5 ℃）、盐度（30 ~ 34）、溶解氧（4.3 ~ 6.0 mg·L⁻¹）、pH（8.0 ~ 8.3）和光周期（12L：12D）。记录受精卵受精后 0 ~ 172 h 的胚胎发育的各个阶段。每次用塑料移液管从培养池的基质上收集 5 ~ 10 个受精卵。在立体显微镜下观察胚胎发育阶段。在受精卵受精前 3 h 内每隔 5 min 取一次样品观察，受精卵受精后第 2 d 每隔 30 min 取一次样品观察，受精卵出壳后每隔 1 h 取一次样品观察。胚胎期从受精开始，受精卵呈囊状，被透明的绒毛膜和狭窄的卵黄周间隙所覆盖。卵的大小在 1.7 ~ 2.6 mm 长和 0.8 ~ 1.27 mm 宽之间。双带双锯鱼的发育过程迅速，卵裂期后胚胎发育时间较长。发育时期分为卵裂期、胚胎期和幼虫期 3 个时期。Gunasekaran 将卵裂期和胚胎期分为 30 个阶段。卵裂期在受精后 24.45 h 完成（Ⅰ - ⅩⅤ 阶段），其余 XVI － XXX 阶段为胚胎期,30 个阶段的胚胎图像见图 3.11、图 3.12,各时期的形态的特征见表 3-4。

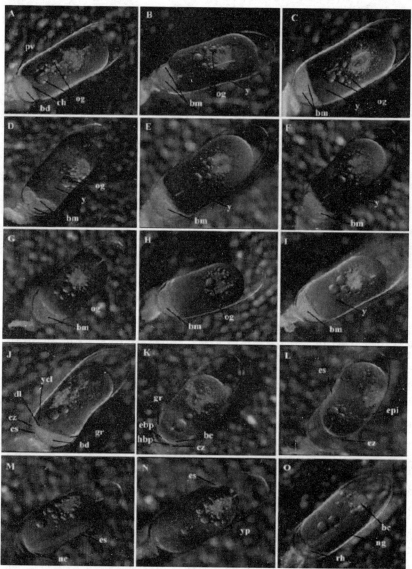

图 3.11　双带双锯鱼（*A. sebae*）胚胎发育阶段的显微照片

　　（A）胚盘形成阶段（0.75 h）;（B）2- 囊胚阶段（0.95 h）;（C）4- 囊胚阶段（1.10 h）;（D）8- 囊胚阶段（2.00 h）;（E）16- 囊胚阶段（3.00 h）;（F）32- 囊胚阶段（3.30 h）;（G）64- 囊胚（4.00 h）;（H）早期囊胚（6.00 h）;（I）晚期囊胚 / 桑葚胚（6.30 h）;（J）早期原肠胚（10.30 h）;（K）晚期原肠胚（17.30 h）;（L）外胚膜（21.00 h）;（M）神经索形成（21.45 h）;（N）卵黄期（23.00 h）;（O）胚孔关闭（24.45 h）。

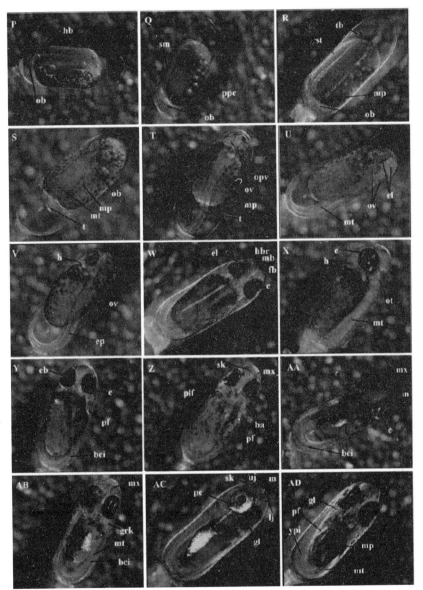

图 3.12　双带双锯鱼（*A. sebae*）胚胎期的显微照片

（P）器官发生（27.00 h）；（Q）脊髓形成（30.00 h）；（R）体发生 – 头芽和视芽的形成（34.00 h）；（S）体翻转（42.30 h）；（T）晶状体形成（51.30 h）；（U）肌节形成（57.00 h）；（V）心脏形成（66.30 h）；（W）前脑、中脑和后脑的分化（72.30 h）；（X）耳石和肌肉（93.00 h）；（Y）胸鳍（96.00 h）；（Z）胸鳍突出，腹鳍轻度形成，鳃弓出现（103.00 h）；（AA）上颌骨及腹鳍（119.00 h）；（AB）口部，鳃耙的形成（157.00 h）；（AC）上颌，下颌分化和眼部着色（166.00 h）；（AD）孵化前的胚胎（172.00 h）。

表 3-4 双带双锯鱼（A. sebae）胚胎发育各时期的主要特征

阶段	受精后时间（h）	图号	发育阶段	主要的形态学特征
I	0.75	A	单细胞	单细胞形态
II	0.95	B	二分卵裂	2 细胞分裂
III	1.10	C	四分卵裂	4 细胞分裂
IV	2.00	D	八分卵裂	8 细胞分裂
V	3.00	E	16 分卵裂	16 细胞分裂
VI	3.30	F	32 分卵裂	32 细胞分裂
VII	4.00	G	64 分卵裂	64 细胞分裂
VIII	6.00	H	囊胚早期	128 细胞分裂
IX	6.30	I	囊胚晚期 / 桑葚期	囊胚细胞覆盖在卵黄上，桑葚期，胚环出现
X	10.30	J	原肠胚早期	胚盘具有 3 层细胞，胚环出现，动物极出现细胞间隙
XI	17.30	K	原肠胚晚期	胚盘适度扁平化至胚盾形成，胚环增厚，外胚层发生不同形态的改变，向卵黄移动，油珠减少
XII	21.00	L	外胚层	外胚层在动物极上形成一个帽状结构，囊胚向下移动，覆盖了卵的四分之一
XIII	21.45	M	神经索形成	胚盘较厚的部分变成了胚盾，动物极上出现神经沟形成脊索
XIV	23.00	N	卵黄栓阶段	卵黄完全覆盖在薄的胚盘上，留下一小部分卵黄形成卵黄栓
XV	24.45	O	胚孔闭合	胚层细胞覆盖至整个卵黄，胚孔开始闭合，最初的头部出现在动物极，神经管开始出现
胚胎期				
XVI	27.00	P	器官发生	胚胎形成，视囊和头芽出现
XVII	30.00	Q	脊索形成	带有视囊和头芽的脊索出现在动物极，植物极上出现尾芽，开始出现体节和心包

阶段	受精后时间（h）	图号	发育阶段	主要的形态学特征
XVIII	34.00	R	胚胎期（体发生）	头芽和视囊形成,尾部轻微伸向卵黄,在胚胎上部出现体节,卵黄表面出现黑色素细胞
XIX	42.30	S	胚胎期	头部向植物极移动,眼泡、耳囊、心包形成,可观察身体和尾部运动,蛋黄略有减少
XX	51.30	T	胚胎期	耳囊明显,晶状体形成、胚胎增大,心包可以识别,卵黄减少
XXI	57.00	U	胚胎期	耳囊突出,晶状体变大,肌节形成
XXII	66.30	V	胚胎期	心脏明显,血液循环可见
XXIII	72.30	W	胚胎期	观察到前脑、中脑和后脑,肌节中出现红细胞,卵黄变小
XXIV	93.00	X	胚胎期	心脏、眼睛、肌肉明显,耳石出现
XXV	96.00	Y	胚胎期	眼睛变得突出,外层颜色为黑色,眼晶状体为银色,血液循环和卵黄吸收清晰可见,胸鳍芽形成
XXVI	103.00	Z	胚胎期	胸鳍明显,腹鳍芽开始出现,颅骨略有形成,油滴完全消失,鳃弓出现
XXVII	119.00	AA	胚胎期	口出现和腹鳍变大,血液循环更发达,形成上颌骨
XXVIII	157.00	AB	胚胎期	鳃耙明显,口形成,肌肉和上颌骨明显,卵黄减少,胚胎变大
XXIX	166.00	AC	胚胎期	晶状体变色,颅骨和鳃耙明显,上颌和下颌分化
XXX	172.00	AD	胚胎期	胚胎覆盖整个卵囊,肌组织发育良好,胚胎遍布黑色素,尾巴运动非常快

第二节　海葵鱼人工繁殖场建设

一、养殖场选址

大型海葵鱼工厂化养殖场的位置选择取决于两个重要的考虑因素：水质和市场准入。养鱼的首要条件就是有水，取水方便，特别要注意最好在天文大潮低潮时都要能够满足养殖用水需要，所以最好选择海水潮差小的地方建造，易于抽取水。虽然在远离海岸的海域养殖海葵鱼也是可行的，但人工海水制造或大规模的海水运输成本高昂。在一个每天使用效率较高的循环系统中，保持良好的水质也很困难。就算建立了一个有效的再循环系统，毒素也会慢慢积累，只有通过水的交换才能从系统中清除毒素。

良好的水质是海葵鱼养殖最重要的方面，在选择场地时应首先考虑。所以需详细了解水质状况，海水的供应必须远离污染物，避免工业污水和有毒污水，总的来说水源水质应符合 GB 11607 渔业水质标准。

水温范围应接近海葵鱼最适温度 28 ℃。这限制了理想的选址范围，当然在我国首选海南岛，其次为广东和广西沿海地区。通过使用循环水技术，水可以加热并保持在合适的温度下，使我国海岸线的大部分地区成为海葵鱼养殖的可行区域。不过加热需要耗费能源，增加了养殖场的运行成本，并且将对养殖场的设计和管理产生重要影响。此外，海水的盐度也需考虑，水源盐度稳定在 25% 以上，这也限定了一些区域选择，如河口地区盐度波动大，不适宜建造海葵鱼养殖场。

养殖场地址选择还需要考虑交通条件，一个考虑因素是可达性，易于人员出入和物资运输，交通便利，生活条件便利。另一个考虑因素是销售的便利性，从商业角度来看，最好是选择在国际机场旁边的海岸带。因为养殖场生产的大部分海葵鱼类将售往全国各地以及出口市场，这意味着接近国际机场至关重要。

当然选址地区还需确保电力、通讯条件完备，治安状况良好等。

需要注意的是，选址确定后，需要向当地渔业部门申请水产苗种生产许可证，只要符合《中华人民共和国渔业法》的有关规定，申请材料齐全、合法、有效，并按照规定程序申请、审核和上报，一般难度不大。另外，养殖场还需要进行环境影响评估，得到当地环保部门的审批获准后才可以进行生产。

二、养殖场的建造

养殖场规划设计的原则是：因地制宜，留有余地；节约成本，重视配套；力求适用，勿贪大求洋。

养殖场最大的运营成本之一就是将海水抽到岸上。在合理的范围内，养殖场最好尽量靠近海岸线，以节省管道和管道维修费用。养殖场应该建在平坦、均匀的基底上。如果基底是异质的，它会在养殖场的重量下以不同的速率下沉和压缩，导致出现裂纹。养殖场的地面必须重新实施，以支持养殖场的积水。海水应该从沙井（图 3.13）往岸上抽水，而沙井则沉入了地下水位以下的沙中。因为沙井的沙子可以作为机械过滤器对海水进行过滤，所以，最好是把海水从沙井上泵出，而不是直接从海面上抽出。进、排水系统通常由水泵、进水管（渠）、排水管（渠）及其附属建筑设施，如沉淀池、污水处理池、进排水闸门等组成。

图 3.13 沙井

影响养殖场设计的两个重要因素：能源效率和疾病控制。水族馆式的孵化育苗场通常设计成多套养殖系统共用一个水处理单元，便于水温控制以及降低建筑成本和运行成本。虽然这个系统更节能，但它会导致疾病管理的噩梦，一种疾病的爆发可以迅速蔓延到其他的亲鱼池或育苗池。一个折中办法是把所有的系统都保留在一个车间内，但是用不同的系统分开亲鱼池和育苗池，尽可能多做几套水处理单元，这样就可以有效地处理疾病的危害。

育苗场的外墙最好能隔热。通常可通过双层墙方式实现。在双层墙之间，用一层狭窄的空气隔开或将许多类型的绝缘材料（如聚苯乙烯）放置在双层墙内。最划算的隔热方法是用绝缘材料覆盖在外墙的内部和屋顶。

观赏鱼暴露于太阳光的颜色比暴露在人造光中更鲜艳和健康。但阳光直射可能会使鱼产生压力,并促进有害藻类生长,所以可通过40% ~ 60% 的遮阳布进行光照控制。

养殖场必须尽可能干净,以防止疾病的爆发。为了达到这一目的,育苗池的墙壁和地板应该涂上一层环氧树脂涂料,这种涂料具有足够的弹性,可以定期擦洗干净。每个车间的地板应该稍微向排水点倾斜,可保持地板干燥。

三、人工繁殖设施

基本的育苗场布局需设亲鱼培育车间、仔鱼培育车间、幼鱼养成车间、隔离车间和饵料车间。每个养殖车间都可以从一个中心区域进入,这样就不需要穿过一个养殖车间到达另一个养殖车间。每个养殖车间都必须有电和空气,以及淡水和海水供应。每个系统都应有自己的设备,如网、桶、虹吸管道等,设备不能在不同系统之间共享。养殖场平面规划图见图3.14。

图 3.14 养殖场平面规划图

（一）亲鱼培育车间

培育车间(图3.15)可使用陆基水泥池、玻璃钢桶或水族箱,水深0.4 ~ 0.8 m,容积100 ~ 500 L,容积随养殖品种不同而异,其中大型海葵鱼亲鱼培育水体容积在250 ~ 500 L,而小型海葵鱼亲鱼培育水体容积在100 L左右,所以,设计时注意根据养殖种类确定小型和大型亲鱼池的数量和比例。每组亲鱼池具有各自独立的进排水系统、水处理系统和增氧设施。

图 3.15　海葵鱼室外陆基水泥池培育车间

（二）鱼苗培育车间

育苗池（图 3.16）可采用小型水泥池、玻璃钢桶或水族箱，以 200 ~ 500 L 水体为宜，每组设置独立的进排水系统、水处理系统和增氧设施，且能控温调光。每池布设 1 个气石进行充气增氧。

图 3.16　海葵鱼简易循环水养殖

（三）幼鱼养成车间

幼鱼养成池可采用小型水泥池、玻璃钢桶或水族箱，以 200 ~ 1 000 L 水体为宜，每组设置独立的进排水系统、水处理系统和增氧设施，且能控温调光，光照强度可以比育苗池和亲鱼池高一些。散气石按照 0.5 个 /m² 的标准分布在池中进行充气增氧。

（四）隔离车间

隔离室是用来暂养新进的鱼或在疾病暴发时从养殖场转入进行治疗的病鱼。在搬运和运输过程中，鱼会受到严重的胁迫，而且通常会有 2 ~ 4 周的适应时间，这段时间是疾病高发期。在这段时间里，鱼需要被隔离检疫，这样就不会传染到养殖场其他的鱼。

所以，每一个育苗场都应该有一个隔离室。这个车间必须与其他的育苗场完全隔开。即使隔离室与其他的育苗场有着相同的结构，它也必须完全封闭，并且只能从单独的入口进入育苗场。隔离系统及其所有设备必须与育苗场的其他系统完全隔离。检疫系统应该有自己的淡水、海水、电和氧气供应。在任何时候都应该有充足的消毒剂和必备药品供应。理想情况下，在大型养殖场的隔离系统工作的人员不应该接触到其他设施。

（五）繁殖水环境条件

育苗用水水质需经沉淀、砂滤和消毒等三级处理后使用。目前尚无统一的海葵鱼养殖水质的标准，实施中参照我国公布的一些标准：

GB 11607　　　　渔业水质标准
GB-3097　　　　海水水质标准
NY 5052　　　　无公害食品 海水养殖用水水质

比较适宜的养殖水环境条件为水温 25 ~ 30 ℃，盐度 15 ~ 32，pH8.0 ~ 8.4，溶解氧 5 mg 以上，氨氮 0.005 mg · L⁻¹ 以下，避免阳光直射，光照控制在 500 ~ 2 000 lux 左右。

（六）水处理系统

亲鱼培育车间、仔鱼培育车间、幼鱼养成车间均需要多套独立水处

理系统,以免疾病暴发时不易控制。水处理系统一般为外部过滤器(图
3.17),安放地点因地制宜,也可采用滴流过滤器(图3.18)或两者合用。

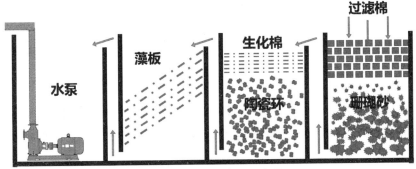

图 3.17　下部过滤器示意图

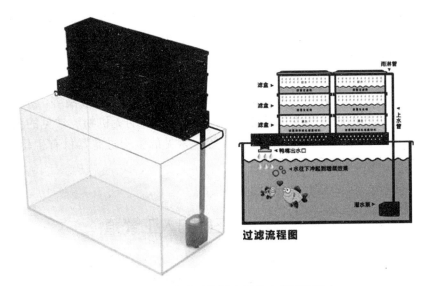

图 3.18　上置滴流过滤器(图片来源于网络)

　　需要注意的是水处理系统强大与否取决于养殖的需要,仔鱼培育池
循环水量少,可以采用滴流过滤器,保持微流水即可。而亲鱼培育因常投
喂新鲜和高营养饵料,水质易恶化,因而水处理系统需完善些。水处理
系统能力代表水质净化能力,是决定幼鱼养成密度和成功与否的关键,所
以,幼鱼养成车间的水处理系统需特别完善。其中亲鱼池和幼鱼养成池
需安装蛋白质分离器,有条件的还可以创造藻类净化单元和紫外线消毒
单元。

　　在水处理系统中需要用到许多的滤材,按其作用可分为:

（1）物理过滤。

用过滤器材滤掉水中体积较大的有机废物,如粪便、残饵,从而在污染物尚未分解前消除污染,使水清澈透明,避免造成更大的危害。一般物理过滤本身并不能滤掉水中的氨、细菌和藻类。

物理过滤的滤材有具有较密孔隙的丝棉(过滤棉)、羊毛毡、砂石、筛绢等。

（2）化学过滤。

内装颗粒状活性炭,一般放在物理过滤之后,用于去除水中的有机物、胶体化合物和余氯等杂质,属吸附过滤方式,过滤最小颗粒可达 10 μm,并能有效清除细菌和病毒。

成本较高,主要用于纯净水、矿泉水制作,水产养殖多用于苗种生产。

活性炭使用一段时间后就失去吸附能力,更换的成本很高,可再生,加温至 800 ℃,有机物碳化后即可重复使用。利用活性碳吸附,除去导致水混浊的有机物及鱼的排泄物。

（3）生物过滤。

利用在滤材表面所繁衍的微生物(细菌、原生动物、微藻等)将水体中的有机物彻底分解为二氧化碳、硝酸盐等无害的无机物。常见的商品有益菌有硝化细菌、光合细菌、EM 等。常见的生物过滤器材有生化棉、生化球、陶瓷环和珊瑚沙等。

第三节　海葵鱼的人工繁殖

海葵鱼可能是世界上最受欢迎的海水观赏鱼类。在繁殖方面,它们也是最常见、最容易繁殖的海水观赏鱼类(它们的卵相对比较大,仔鱼更容易喂养)。话虽如此,但小丑产卵、孵化、育苗仍然是一项技术性很强的工作。

大多数的海水鱼类比大多数淡水鱼更难繁殖。幸运的是,近年来,人们已经积累了许多关于海葵鱼繁殖的实践经验,一个新人可以很容易地利用这些收集到的知识来获得成功。

一、亲鱼池准备

在亲鱼进入养殖池之前,必须为它提供所需的一切,至少能存活下来,并且能健康成长。在这里不讨论水族箱的建造和健康问题。我们要做的是建立一个单独的海葵鱼繁殖箱,因为如果有其他鱼干扰,海葵鱼会花费许多能量来保护自己和它们的领地,就不会有太多的精力和时间去繁殖。最后,与自然界中情况不同的是,海葵鱼在人工条件下不需要海葵也可以生存和繁殖,所以海葵为非必需品。如果想放置海葵和海葵鱼一起养殖,那么需要确保得到的海葵是你所要繁殖的海葵鱼能共生的海葵,而且保证光照条件使海葵能健康生长。

一般情况下,可以投放活石、瓦罐或瓦片作为海葵鱼安家之用,繁殖时海葵鱼可以把卵产在瓦罐或瓦片上面,便于收集受精卵。

二、亲鱼的来源与选择

（一）亲鱼的来源

亲鱼的来源有三个途径:一是捕捞天然亲鱼;二是捕捞天然幼鱼,再通过人工驯化而成;三是对全人工繁殖后代进行人工选择培育而成。

（二）亲鱼的选择

海葵鱼已发现有30种,这30种各有特性,有些繁殖难度高,有些容易些。如棘颊雀鲷领域性强,好斗,难配对;克氏双锯鱼产卵量高,但育苗成活率较低;相对而言,眼斑双锯鱼和白条双锯鱼繁殖比较容易,成活率高。所以在选择亲鱼时首选比较容易繁殖而且商业价值不错的品种,根据生产目标量规划各种亲鱼数量,然后进行各种亲鱼的收集工作。

对于捕捞天然亲鱼,选择标准如下:

（1）种质优良,无畸形,个体大,产卵量大。

（2）适龄个体,尽量选择3～6龄鱼作为亲鱼,年龄小产卵量小或不稳定,年龄大,不能保持较长时间的繁殖力。

对于从野外捕捞幼鱼或从人工繁殖的海葵鱼中挑选优质个体作为后备亲鱼,其挑选方法为:

（1）生长性能良好,个体硕大,体长大于3 cm。

（2）体质健壮,体表洁净,健康活泼。

（3）外形完整无畸形,颜色无变异,条带无缺失。

（4）在不同亲本来源的幼鱼中挑选的后备亲鱼数量应尽量一致。

（5）挑选的后备亲鱼总数量为目标亲鱼数的2倍。

三、后备亲鱼驯养

挑选的后备亲鱼可在养成池中采用群养方式培育,不同亲本来源的后备亲鱼分别在各自养殖池进行养殖。

(一)养成池条件

陆基水泥池、玻璃钢桶或水族箱,水深 0.4 ~ 0.8 m,容积 200 ~ 500 L。

(二)放养密度

为了保证较快的生长速度,放养密度宜控制在 0.5 尾 /L 以内。

(三)饵料投喂

体长 3 ~ 5 cm 投喂自制人工配合饲料;5 cm 以后投喂自制软颗粒饲料,每天 4 次,每次 5 min,以鱼不聚集摄食为止。人工配合饲料制作方法为鲜虾肉沥干水分后匀浆,再添加 1% 螺旋藻粉、2% 维生素 C 和 10% 面粉,搅拌均匀后压成薄片,晾干后密封置于 4 ℃冰箱备用,人工配合饲料 3 个月制作一次;软颗粒饲料制作方法为鲜虾肉沥干水分后匀浆,再添加 1% 螺旋藻粉和 2% 维生素 C,搅拌均匀后密封置于 4 ℃冰箱备用,此饲料每 3 天制作一次。

(四)水质管理

每次摄食 1 h 后吸去残饵和粪便,以保持良好水质。采用循环水或流水方式进行培育,循环水培育参照海水观赏鱼水族箱日常管理;流水培育每天流水 2 次,早晚各 1 次,以水质清新为准。盐度保持 20 ~ 33,水温控制在 25 ~ 30 ℃,自然光照条件。

四、亲鱼的配对

由于海葵鱼有严格的社会等级制度和性转化行为,即在 1 个群体内只有 1 尾雌鱼和 1 尾雄鱼,其余均为性腺未成熟的幼鱼,雌鱼缺失后将由雄鱼性转化后补上,缺失的雄鱼将由个体较大的未成熟幼鱼补充,所以正常情况下群体养殖中只有 1 对成熟亲鱼,所以对海葵鱼亲鱼进行配对是繁殖的首要工作。

（一）野生亲鱼配对

亲鱼选择野生健康亲鱼或 1 龄以上幼鱼，除非是专门采捕，否则销售商不可能有成对亲鱼供应，所以即使采用野生亲鱼也需要进行人工配对，对于野生海葵鱼配对采用以下 4 种配对方式：

（1）雌鱼配雄鱼：1 尾雌鱼配 1 尾雄鱼和 1 尾幼鱼，如果雌鱼主动骚扰雄鱼，注意不是猛烈攻击，而与此同时雄鱼持续攻击幼鱼，表明雌雄鱼有可能配对成功；如果雌鱼持续攻击雄鱼则表明雌鱼看不上该雄鱼，也有可能该雄鱼已经在向雌鱼转化过程中，应移去该雄鱼。

（2）雌鱼配幼鱼：1 尾雌鱼配 2 尾幼鱼，雌鱼常常会主动骚扰其中一尾幼鱼，直到它呈现出雄性的特征，同时该幼鱼会攻击另一尾幼鱼，移去常被攻击幼鱼。

（3）雄鱼配幼鱼：1 尾雄鱼配 2 尾幼鱼，移去常被攻击幼鱼。

（4）幼鱼配幼鱼：1 尾大规格幼鱼配 2 尾较小规格幼鱼，如果最大规格幼鱼没有攻击次大规格幼鱼，移去最小规格幼鱼，否则移去次大规格幼鱼。

在配对的前几天，雌鱼偶尔攻击雄鱼或幼鱼是正常的，如果攻击尚未导致雄鱼或幼鱼受伤那么可以继续观察。初步配对后继续观察 7 d，配对成功的标志是雌雄鱼和睦相处、晚上共栖一处；如有明显争斗则表明配对失败，需重新配对，方法为移走较小的 1 尾，换另外 1 尾较小规格鱼，移出去的鱼可作为雌鱼培育，配与更小规格幼鱼；配对成功后每个亲鱼池雌雄比为 1∶1。

（二）全人工亲鱼配对

人工养殖得到一批幼鱼，让它们自己配对，成功率会比较高。当养殖的幼鱼到达 180 日龄时即可开始进行配对工作，可采用分批配对和交叉配对相结合的安全高效配对方式，获得可供育苗的人工配对亲鱼，具体为：

（1）分批配对：具体操作方法为群体养殖池中发现有雌鱼形成时即把雌鱼移至亲鱼池，并挑选中等大小的 4 尾幼鱼予以配对，配对成功后移走剩余 3 尾幼鱼，亲鱼池雌雄比为 1∶1；配对成功的标志为雌鱼和其中 1 尾幼鱼和睦相处，晚上经常共栖一处，而且日间常常共同攻击其他幼鱼；当养成池中的雄鱼性转化为雌鱼后继续进行第二轮配对，以此类推。

（2）交叉配对：为避免近亲繁殖带来不良的后果，采用交叉配对方式进行，即来源于不同亲本的后代之间进行配对，如A亲本后代中雌鱼和B亲本后代幼鱼配对，B亲本后代中雌鱼和A亲本后代幼鱼配对。

（三）亲鱼缺失后配对

有时候会遇到各种原因造成只有1尾亲鱼的情况，如亲鱼之一死亡，如果这尾海葵鱼单独生活已经有一段时间了，几乎可以肯定是一尾雌鱼。在这种情况下，配对是有点难度的。可以给它添加一尾规格小的海葵鱼，需要注意的是这尾海葵鱼必需保证它是雄性或无性别的鱼，如果从群养池中选择那就简单多了，只要不捞最大的鱼就可以了。雌鱼会骚扰、追逐和攻击新来的鱼，以维持其统治地位。如果新鱼知道退让对它有好处，它就会撤退和躲藏，有时会在受到攻击时扭来扭去，以示顺从。这是非常关键的一段时间，因为雌鱼会对新来的鱼造成太大的伤害，甚至会杀死它。如果新来的鱼足够顺从，而雌鱼决定接受它作为配偶，就会停止骚扰和攻击，当然偶尔也会有轻微的无害的追逐来重新确立其统治地位。

需要注意的是不打斗不代表配对成功，配对成功可靠的迹象是双宿双栖，只有当2尾鱼晚上睡觉在一起时，才能确定这对组合配对成功了。

五、亲鱼的强化培育

配对成功到产卵可能需要很长一段时间。因为海葵鱼亲鱼在繁殖之前都必须在生理上先成熟。此外，海葵鱼在繁殖之前，必须对彼此和周围的环境感到舒适。配对成功一年甚至更长时间也不产卵的情况并不少见，即使可观察到亲鱼之间的亲密关系，而且自认为水质条件非常好的环境中也是这样。必须要有耐心和勤奋地为海葵鱼亲鱼提供有利的环境和营养条件。

（一）亲鱼池生态模拟

配对后亲鱼在亲鱼池内强化培育。海葵鱼成熟产卵需有高度安全、舒适且稳定环境，任何人为惊吓都会造成性腺退化和产卵。要使亲鱼成熟需要营造良好的养殖生态环境，其技术要点包括以下内容。

（1）生境模拟。

亲鱼池内放置一块珊瑚或活石和一个海葵，或者用塑料或陶瓷制品取代，用于海葵鱼亲鱼安家和产卵。如果放置海葵，要注意兼容性和提供必要的光照条件。繁殖海葵鱼通常不需要海葵,但从长远来看,海藻会让繁殖任务变得更容易。事实上,在没有海葵的情况下,海葵鱼会在陶壶、蛤壳甚至水族缸里产卵。一般来说,生境模拟越自然,鱼的感觉就越好,它们就越有可能产卵。当然,并不是说简单的生境模拟没有效果。只是鱼感觉越放松,胁迫感越小,它们产卵的时间就越早,卵会越健康。

（2）水流模拟。

配对亲鱼采用流水方式进行培育,每天流水 2 次,早晚各 1 次,每次3 h 左右。另外池内最好放置小型造浪泵,定时开关,在非流水期间开启,加强潮汐水流的模拟。

（3）光照模拟。

在自然界中,海葵鱼产卵与月亮周期有关。一般来说,人工模拟鱼缸的周期是不现实的,但是可以采用灯光与计时器相连,这样鱼儿就能得到一个固定的日夜照明周期,这个规律的昼夜循环正是我们所需要的。采用自然光照周期 12L：12D,在室外亲鱼池周围及上方悬挂遮阳网以调节光照,光照强度控制在 1 000 ~ 2 000 lux。

（4）水质控制。

采用循环水或流水方式进行,循环水培育参照海水观赏鱼水族箱日常管理,流水培育每天 2 次,早晚各 1 次,每次 3 h,总流量 300%；每天投饵 1 h 后吸污,吸去残饵和粪便,保持水质清新；培育用水为天然沙滤海水为佳；盐度保持 25 ~ 33 psu,水温控制在 25 ~ 30 ℃；亲鱼期水质管理标准：定期进行 NO_2–N、NO_3–N、NH_4–N、PO_4–P、DO（溶解氧）、DIN（溶解无机氮）和 IP（无机磷）等化学因子的含量测定,采样及样品分析均按《海洋监测规范》中规定的方法进行。当上述中的个别或一些水化因子超出养殖水质的标准限定范围,通过贮水池处理过的海水进行额外换水。

(二)投喂管理

（1）海葵鱼亲鱼饲料配方。

海葵鱼成熟产卵需充足营养保障,而且海葵鱼亲鱼有不摄食沉底食物的特点。海葵鱼亲鱼营养需求方面的研究仍然匮乏,海水鱼营养需求的研究以及市售商品饲料基本都是针对经济食用鱼类,对观赏性海水鱼类开发较少。目前,亲鱼阶段主要使用新鲜鱼虾肉和牡蛎肉搅成肉糜或者市售海水观赏鱼成品鱼饲料投喂。肉糜投入水中易散失而污染水质,而市售海水观赏鱼成品鱼饲料价格昂贵,也不能满足亲鱼的繁殖营养需求和适口性,造成产卵量低下。为了提供满足海葵鱼亲鱼繁殖营养需要和适口性的经济软颗粒饲料,以更好地满足海葵鱼养殖产业化需要,叶乐等(2015)根据亲鱼肌肉、肝脏以及性腺中营养组成分析,确定了亲鱼繁殖期的营养需求;根据亲鱼对各饲料原料的消化率和适口性确定各原料配比;再综合考虑产卵性能,提出成本较低的全营养亲鱼饲料配方。该海葵鱼亲鱼软颗粒饲料配方见表3-5。

表3-5 海葵鱼亲鱼的饲料配方(按重量百分比)

原料	重量 /%
鲜虾肉	40 ~ 46
鱿鱼内脏	6 ~ 10
鱼粉	25 ~ 32
虾头粉	5
高筋面粉	8 ~ 15
磷酸二氢钙	1
Vc 磷酸酯	0.1
复合维生素	1
复合矿物盐	1
氯化胆碱	0.1

制作时利用绞肉机将虾肉和鱿鱼内脏搅碎,其余原料粉碎并过筛(0.2 mm 网目),用小型搅拌机搅拌 5 min 彻底混匀,再用小型颗粒机制粒(颗粒直径 2.0 mm),晾干至水分为 25.0% ~ 30.0%,然后冷藏保存。

(2)简易软颗粒饵料制作与投喂。

海葵鱼亲鱼软颗粒饵料制作方法:新鲜的基础饵料沥干水分后匀浆,再添加一定量的营养促熟强化剂后搅拌均匀,制成后密封置于 4 ℃冰箱备用,饵料每 3 d 制作一次。

混合基础饵料是虾肉和牡蛎肉按重量比 2∶1 混合,或虾肉和鱿鱼肉按重量比 2∶1 混合。

营养促熟强化剂为螺旋藻粉,添加量为基础饵料重量的 1%;维生素 C 添加量为基础饵料重量的 2%;纯度 1.5% 以上的虾青素,添加量为基础饵料重量的 2%;胆固醇,添加量为基础饵料重量的 2%。

投喂时用剪刀把饵料剪成黄豆大,少量多次投入亲鱼池,以亲鱼停止摄食为止。由于海葵鱼一般不摄食池底食物,投喂时应避免一次性投入饵料过多过快。每天上午和下午各投喂 1 次。

除了日常投喂自制软颗粒饲料外,隔天增加投喂一次沙蚕。沙蚕投喂方法：用剪刀把沙蚕剪成 1 ~ 2 cm 长的小段，在日常饵料投喂 1 h 后投喂沙蚕，每对亲鱼每次投喂 5 遍，每遍投喂 2 ~ 3 段。

一般人工亲鱼从配对到产卵时间为 5 ~ 6 个月，足 1 龄鱼即可产卵，某些种类需较长时间，但均在 2 龄内成熟产卵。

六、产卵孵化

一旦海葵鱼亲鱼配对成功，强化培育 1 ~ 12 个月，基本都开始产卵了。可能产卵的第一个迹象是当雄鱼和雌鱼开始在海葵附近清理一块岩石时，表明产卵不久后即将开始；另外一个迹象是雄鱼在雌鱼面前上下飞舞，如果观察到此婚舞现象，通常意味着产卵很快就会发生！即将产卵的最后一个指标是海葵鱼雄鱼和雌鱼的生殖管往外突出，这通常意味着在几个小时内会产卵。

海葵鱼一般在上午 10 点后产卵，但有时也在下午产卵。产卵时，雌鱼在清洁的岩块上转圈，并产下一小串卵；随后，雄鱼会立即过去排出精子进行受精。重复多次产卵受精过程，整个产卵过程通常需要 1 ~ 2 h。卵看起来像小胶囊，大小随种类不同而异，一般长约 2 ~ 3 mm，宽 1 mm。刚产下的受精卵颜色也随海葵鱼种类不同而有所区别，从淡黄色到明亮的橘色。产卵量也随海葵鱼种类和成熟度而异，一般 200 ~ 3000。一旦亲鱼开始产卵，它们可能会在 8 ~ 18 d 内重复产卵（图 3.19）。

图 3.19　海葵鱼卵块

孵化在亲鱼池中进行，或取出卵块在孵化桶中进行。

（1）亲鱼池中孵化：由于海葵鱼的有护卵的习性，所以海葵鱼孵化一般在亲鱼池里面进行。孵化时要提前关闭循环泵和灯光，因为海葵鱼孵化需要黑暗的光照条件，仔鱼一般会在天黑的 3 h 内孵化；关闭循环泵是为了防止仔鱼孵化后被泵和水流吸入。如果天黑 3 h 后仍未孵化，那么一般要到第二天晚上才能孵化。

整个孵化过程需注意保持水质稳定以及避免人为干扰亲鱼，孵化后需立即利用仔鱼的趋光性把鱼集中后以虹吸、捞网或水瓢把仔鱼移至育苗桶或缸中。

（2）孵化桶中孵化：可以在孵化当天将卵块从亲鱼池中取出到孵化桶中，也可以提前几天，但这种方法真菌或细菌感染的几率很高。在孵化桶中孵化时，需保持连续的水流或以气泡充气的方式鼓动水流，以提供充足氧气并去除死卵。如果第一天未完全孵化，也可将卵块放回亲鱼池，由亲鱼在晚上和第二天继续照看这些受精卵。

孵化期间加强水质监控，水温保持 25 ～ 30 ℃，盐度 25 ～ 33 psu，溶氧 6 ～ 8 mg · L^{-1}；光照 500 ～ 1 000 lux，孵化时间 5 ～ 8 d。

孵化率应该至少是产卵量的 80%。如果孵化率很低，或者孵化的时间超过 2 d，那么这些卵的质量很差。造成的因素是多种多样的，包括疾病、环境和水质等。具体来看，影响鱼卵孵化的因素主要有：

（1）亲鱼本身因素。海葵鱼亲鱼有护卵习性，常常用鳍煽动水流给受精卵增氧，不时清理坏卵以免有害微生物滋生，同时保护卵不被敌害生物吃掉。但如果亲鱼首次或前几次产卵，由于性腺不够成熟和护卵经验不足，往往前几次产卵的质量较差，在胚胎发育过程中亲鱼会慢慢吃掉大部分鱼卵，仅有少量鱼卵能够孵化。随着产卵次数增加，产卵量、孵化率均将逐步提高。

（2）营养问题。如果亲鱼不是新手，连续多次产卵，亲鱼均吃掉大部分鱼卵，孵化率提升不明显，通常是亲鱼营养不良造成卵质量差造成的。解决方法是增强亲鱼营养，投喂高蛋白质和高不饱和脂肪酸的饲料，最好喂新鲜的饵料，并增加投喂频率。

（3）环境因素。亲鱼池附近嘈杂，或人经常走动，会造成亲鱼易受惊吓、缺乏安全感，这时候亲鱼有时候也会吃掉大部分卵，解决办法是营造安静环境，尽量不在亲鱼池边走动，特别是晚上。另外养殖池中往往还有螃蟹、虾、多毛类等一些生物，会趁天黑偷吃鱼卵，造成卵的减少。所以平时要注意发现并及时清除养殖池中的敌害生物。

（4）水质因素。水温影响海葵鱼受精卵孵化时间，而且影响其孵化率。

在适温范围内,海葵鱼孵化时间缩短,孵化率高。水中有机物含量和营养盐含量较高时,易产生有害物质如氨氮、亚硝酸氮、硫化氢等有毒物质,危害海葵鱼胚胎发育,还会造成有害微生物滋生,如水霉感染,造成受精卵变白而死亡。

第四章　海葵鱼的苗种培育

第一节　苗种生物学

一、海葵鱼的生活史

和大多数的珊瑚礁鱼类一样,海葵鱼的生活史可分为两个阶段,即海洋浮游生活阶段和珊瑚礁定居生活阶段(图 4.1)。

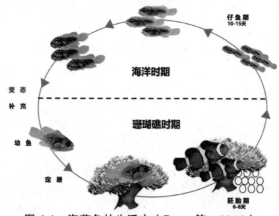

图 4.1　海葵鱼的生活史（Roux 等，2019）

海葵鱼把它们的卵产在海葵附近基质上,视温度情况将卵在那里孵化 6 ~ 8 d。仔鱼孵化后直接散布到广阔的海洋中生长 10 ~ 15 d,然后回到珊瑚礁。从海洋回到珊瑚礁的过程中,仔鱼经过一系列的变态变成幼鱼。幼鱼会寻找到合适海葵并定居下来。根据海葵鱼的生活史,可以将海葵鱼发育分为以下几个阶段。

（一）胚胎期

与在海洋中许多在野外产卵的珊瑚礁鱼类不同,海葵鱼是底栖产卵者。它们产卵在海葵附近的基质上。在受精后,卵直接发育到胚胎期,直至幼鱼能以外源性食物为食为止。根据温度条件的不同,海葵鱼胚胎期需要 6 ~ 8 d 的时间。这比其他珊瑚礁鱼类胚胎期要长,例如斑马鱼(48 h)和海鲈鱼(4 d)。

(二)仔鱼期

当鱼苗从卵膜孵出,开始在卵膜外发育,进入仔鱼期。此期鱼体具有卵黄囊、鳍膜等仔鱼器官,是由内源营养转变为外源营养的时期,包括两个分期:

(1)前期从受精卵孵出至卵黄基本吸收完毕时的仔鱼。以卵黄为营养。

(2)后期从卵黄吸收完,卵黄囊消失,开始以外源食物为食,开始主动摄食到奇鳍鳍条基本形成时的仔鱼。之后就和大多数海洋硬骨鱼一样,开始了在海洋中的扩散阶段。在此期间,仔鱼经历主要的形态和生理变化(鳍的分化、脊索的弯曲、感觉器官的分化、器官的分化)。奇鳍褶分化为背、臀、尾 3 个部分并进一步分化为背鳍、臀鳍和尾鳍,腹鳍也出现。海葵鱼的仔鱼期较短,只持续 10 ~ 15 d,而其他珊瑚礁鱼类的仔鱼则可在海洋中生活 19 ~ 70 d。

(三)变态期

由甲状腺激素触发的胚胎后发育并引起且具有生态、行为、形态和生理特征变化的过程称为变态。一般来说,珊瑚礁鱼类包括海葵鱼在仔鱼期和幼鱼期之间存在着明显的生态过渡。这一阶段从鳍条基本形成到鳞片、条纹出现时的鱼类发育个体。眼斑双锯鱼(*A. ocellaris*)的变态即是仔鱼向幼鱼期的过渡过程,在这一过程中海葵双锯鱼会获得 3 个白色条纹,当白色条纹出现在眼斑双锯鱼(*A. ocellaris*)的头部和身体上时,游泳行为也发生变化。在室内养殖水箱中,仔鱼在水层中游泳,而变态和变态后的幼鱼靠近水体底部游泳。在野外,变态结束后幼鱼定居于宿主海葵上。

(四)补充和定居阶段

这是一个过渡阶段,在生态学中被称为种群补充。变态完成后,幼鱼会在珊瑚礁内寻找合适的生境,以继续生长到成熟,进行定居生活阶段。

胚胎后期和变态发育的中断可能会增加新成员的死亡率,从而影响补充和定居的成功率。

（五）幼鱼期

幼鱼期的个体已经准备好在合适的宿主海葵上定居,它们在那里继续生长和成熟。幼鱼是具有与成鱼基本相同的形态特征,但性腺尚未发育成熟的鱼类个体。全身被鳞、侧线明显,胸鳍鳍条末端分枝、体色和斑纹与成鱼相似,处于性未成熟期。仅当个体在海葵中达到其社会等级的最高水平时,配子才会在海葵鱼物种中成熟。

（六）成鱼期

初次性成熟到衰老死亡。

二、仔幼鱼发育

初孵仔鱼个体随种类不同而异,如双带双锯鱼初孵仔鱼全长为 2 ~ 2.9 mm（Kumar 等,2010）,海葵双锯鱼 3 ~ 3.5 mm（Kumar 和 Balasubramanian,2009）,白条双锯鱼（4.48 ± 0.17）mm（Ho 等,2009）。初孵仔鱼卵黄小,略呈椭圆形,橘色。

（一）头部发育

在 1 dph 时头部上部为圆形（图 4.2 A,B）,从 1 ~ 4 dph 头部上方逐渐变为三角形（图 4.2 C）,4 ~ 10 dph 口的位置没有显著变化,下颚发育显著（图 4.2 C ~ E）,头部三角形形态在 16 dph 时逐渐消失（图 4.2 G）。头高从 1 dph 时的（1.3 ± 0.03）mm 逐步发育至 30 dph 时的（3.6 ± 0.3）mm,每天以 0.06 mm 的速度增长。眼直径逐渐增大,在 1 dph 时为（0.5 ± 0.01）mm,30 dph 时为（1.2 ± 0.1）mm。眼直径的平均增长率 1 ~ 7 dph 时为 0.014 mm/d,8 ~ 21 dph 为 0.01 mm/d。1 dph 时眼睛与头部面积比例为 39%,21 dph 与头部面积比例为 30%。

（二）鱼鳍发育

（1）胸鳍。
胸鳍必须在立体显微镜下使用镊子等工具辅助才能被观察到,胸鳍在孵化前已经开始发育,孵化后仔鱼可以立即使用胸鳍游泳和改变方向,所以一般不被当做评价仔鱼发育的指标。

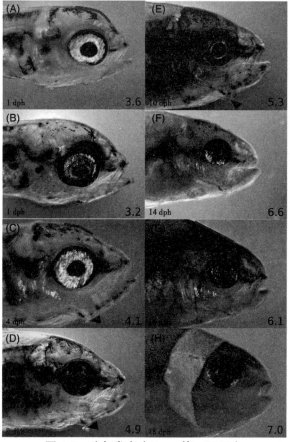

图 4.2　头部发育（Roux 等，2019）

注：A–H 图片是仔鱼的头部发育过程,左侧黑字表示仔鱼孵化后天数(dph),黑色尖头指示下颚发育,右侧黑字为标准体长。

（2）腹鳍。

成对的腹鳍位于仔鱼腹侧,成鱼腹鳍包括 1 条鳍棘和 3 根柔软的鳍条。仔鱼的腹鳍发育分为 4 个阶段(图 4.3 A ~ D)。在 1 dph 时腹鳍未出现(图 4.3 A),2 ~ 8 dph 时腹鳍芽产生(图 4.3 B 中黑色箭头所示),5 ~ 8 dph 时腹鳍芽发育成腹鳍(图 4.3 C ~ D 中的黑色箭头所示),从 7 dph 开始腹鳍棘出现(图 4.3 D 中的黑色箭头所示)。

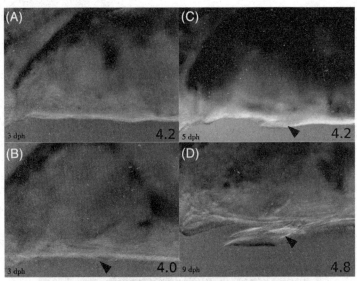

图 4.3　腹鳍发育（Roux 等，2019）

注：A—D 图片是仔鱼的腹鳍发育过程,左侧黑字表示仔鱼孵化后天数(dph),黑色尖头指示腹鳍,右侧黑字为标准体长。

（3）背鳍、臀鳍和尾鳍。

1 dph 时仔鱼的尾部周围有一个胚胎发育而来的鳍状褶皱,该鳍状褶皱由 3 个主要裂片组成,分别位于身体后半部背侧、腹侧肛门后缘以及腹侧围绕脊索的后尖端部位(图 4.4 A)。鳍状褶皱发育成背鳍、臀鳍和尾鳍,并在尾柄处收缩(图 4.4B)。2 ~ 3 dph 时臀鳍鳍条开始出现(图 4.4 E)。5 ~ 7 dph 时臀鳍鳍棘由后至前的方向出现(图 4.4 F)。臀鳍由单个褶状裂片组成(图 4.4C)。3 ~ 4 dph 时背鳍鳍条在臀鳍鳍条之后出现(图 4.4H),但是通常观察到背鳍鳍条和臀鳍鳍条同时出现。6 ~ 8 dph 时背鳍鳍棘出现(图 4.4 M , N)。背鳍是由鳍状褶皱的前部裂片形成鳍棘,后半部分形成鳍条(图 4.4C, G ~ N)。

尾鳍是由上下两根尾骨发育出来的鳍条组成的(图 4.5 A)。尾鳍的发育以脊索的弯曲和鳍条形成为特征。这个弯曲过程指的是脊索向背部弯曲。正常情况下这一过程在尾骨弯曲至图 4.5 C 所示位置时结束(6 dph)。脊索弯曲分为 3 级：预弯曲,对应于线性脊索(图 4.5 A,1 和 2 dph)；弯曲(图 4.5 B,2 和 3 dph)；弯曲后(图 4.5C,6 和 8 dph)。

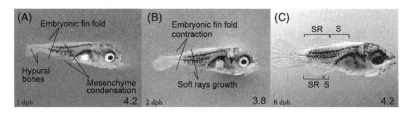

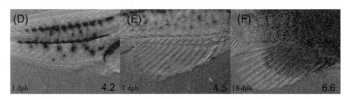

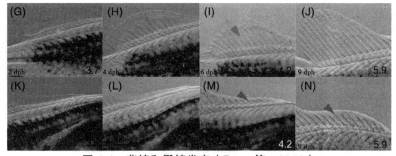

图 4.4　背鳍和臀鳍发育（Roux 等，2019）

注：A–N 图片是仔鱼的背鳍和臀鳍发育过程，左侧黑字表示仔鱼孵化后天数（dph），右侧黑字为标准体长。

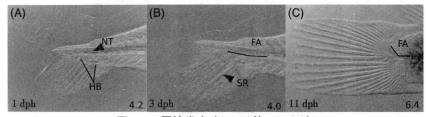

图 4.5　尾鳍发育（Roux 等，2019）

注：A–C 图片是仔鱼的尾鳍发育过程，左侧黑字表示仔鱼孵化后天数（dph），右侧黑字为标准体长。FA：弯曲角度；HB：尾骨；NT：脊索；SR：鳍条。

（4）牙齿和感觉器官的发育。

通过扫描电子显微镜观察眼斑双锯鱼的牙齿和感觉器官的发育（图 4.6）。孵化后的仔鱼最初缺乏牙齿（图 4.6 A）。第一颗牙齿出现在 9 dph（白色箭头，图 4.6 B）。眼斑双锯鱼的牙齿是典型的食肉类鱼的牙齿。牙齿出现前被一层上皮细胞覆盖（图 4.6 D），这些上皮细胞最终会随着牙齿的生长而穿孔(图 4.6 C,E)。

感觉器官发育过程中嗅觉板和侧线系统比较重要,它们由分布在头部和身体上的 5 种感觉管组成。在 1 dph 时,嗅觉板呈三角形,并被一层纤毛细胞覆盖(图 4.6 F)。在 6 dph 时,此基板向内凹,其边界合并形成与鼻孔相对应的两个开口(图 4.6 G)。当两个鼻孔完全分开时,嗅觉系统形成完成,如图 4.6 H 所示。

1 dph 时头部没有感觉管(图 4.6 J),在 11 dph 时,神经乳突内陷,眶上、颞和眼周管开始形成(图 4.6 I)。最终会在眼睛周围(眶下和眶上管)、头部上方(颞部管)、沿睑周分布(睑周管)和下颌骨下方(下颌管)出现孔洞(图 4.6 L,M)。侧线在 6 dph 时出现(图 4.6 O),并伴有神经末梢(图 4.6 R),后者逐渐内陷形成头感觉管(图 4.6 P,S)。

图 4.6 扫描电镜下仔鱼牙齿和感觉器官的发育（Roux 等，2019）

注:IO:眶下管;M:下颌管;MOP:融合的嗅觉板;N:鼻孔;O:睑周管;OP:嗅觉板;SO:眶上管;T:颞管。

（5）消化系统发育。

海葵双锯鱼初孵仔鱼消化道、肝脏和胰脏已发育，具有一定的消化和吸收能力，可以摄食轮虫。25℃时，卵黄在 5～7 d 内消耗完。7 d 左右摄食器官发育比较完善（表 4.1），可以摄食卤虫幼体（Anto 等，2009）。胃腺在 11 d 时开始发育，15 d 发育速度加剧。不着色液泡（Non-Staining Vacuoles，NSV）和核上内含囊泡（Supranuclear Inclusion Vesicles，SIV）均出现于 11 d，胞饮作用和细胞外消化共存约 2 周时间。至 25 d SIV 完全消失，而 NSV 在第一个月依然是中肠的显著特征（Önal 等，2008）。

表 4.1　克氏双锯鱼摄食器官发育时序（Anto 等，2009）

部位 Region	器官单元 Mechanical Unit	元件 Element	日龄 dph									
			1	2	3	4	5	6	7	8	9	10
上颌骨 Maxilla	上颌 Upper jaw	前颌骨 Premaxilla	*			○	○	○	▽	▽	▽	▽
		上颌骨 Maxilla	*			○	○	○	▽	▽	▽	▽
		牙齿 Teeth				*○	○	○	▽	▽	▽	▽
下颌骨 Mandibular arch	下颌 Lower jaw	Meckel's cartilage	*									
		齿骨 Dentary	*			○	○	○	○	○	○	○
		牙齿 Teeth					*○	○	○		▽	▽
		方骨肌 Quadrate	*									
		关节骨 Articular	*					△	△	△	△	△
舌骨弓 Hyoid arch	舌骨 Hyoid	角舌骨 Ceratohyal	*							△	△	△
		下舌骨 Hypohyal	*									
		间舌骨 Interhyal	*									
		鳃盖条 Branchiostegals	*				△		▽	▽	▽	▽

悬肌 Suspensorium	舌颌骨 Hyomandibular	*				△	△	△	△	△
	Symplectic	*								
鳃盖 Opercular	鳃盖骨系 Opercular series	鳃盖骨,前鳃盖骨,鳃盖间骨,下鳃盖骨 opercle, preopercle, interopercle, subopercle	*			△	△	▽	▽	▽	▽
腮 Branchial	咽齿 Symplectic	*			△	△	▽	▽	▽	▽

注:* 表示有;△表示骨骼发育不完备;▽表示骨骼发育完备;○表示未发育。

（6）色素沉积。

在眼斑双锯鱼 *A. ocellaris* 的发育过程主要有 3 种色素细胞参与:黑色的黑色素细胞;橙色的黄色素细胞;白色的白色素细胞。孵化后早期的仔鱼是浅色的（1 dph）,身体被两条水平的星状黑色素细胞覆盖（图 4.7 A）。背线从口延伸到后部未来背鳍的末端,线从躯干延伸到未来的肛门鳍的后肢（图 4.7 A1,A2,背线由图 4.7 A3 上的黑色箭头指示）。两条色素线在尾柄之前停止（图 4.7A1 中的黑线所示）,星状黑色素是也散布在两条线之间的体表下（图 4.7C）,还有一些在头部背侧散布（图 4.7 A4）。黄色素细胞从口部（图 4.7 A4）延伸到未来的背鳍和臀鳍后缘,使幼虫体呈现黄色。一些黄色素细胞出现在腹部上方（图 4.7 A2）,该区域也被白色素细胞覆盖（由黑色箭头指示,图 4.7 A1）,一直到 9 dph,黑色着色部位基本无变化,黑色素形成两条线,散布在身体和头部（图 4.7 B1）。在此期间,黄色逐渐增加（图 4.7 B2,B3）,头部仍然存在黄色素细胞（箭头,图 4.7 B4）。尾柄保持透明（图 4.7 B1）。从 9 dph 起,仔鱼的颜色从黄色变为橙色（图 4.7 C,10 dph,图 4.7 D,14 dph）。橙色开始覆盖身体的腹侧和背侧部分,越来越靠近臀鳍和背鳍,并在头部延伸（图 4.7 C2,D2）。鱼鳍 10 dph 之前保持无色素状态（图 4.8 A ~ C）,尾柄也没有色素（图 4.8 A）。在 14 dph 时仔鱼的身体和头部的白色条纹开始出现（图 4.7 D1）。身体的白色条纹上部位于背鳍的最后 3 根鳍棘下方（图 4.8 O,黑色箭头显示了 3 根鳍棘）,下部位于泄殖腔上方的腹侧（图 4.7 F1）。在这些白色条纹形成期间,黑色素细胞在白色条纹边界聚集（在图 4.7 D2 ~ F2 中用黑色箭头指示）。白色条纹先是透明的（图 4.7 D1,E1）,然后变成完全白色（图

4.7 F1，G1）。头和身体的条纹最先出现（9 ~ 14 dph），尾柄上的第 3 条条纹约在 17 dph 时稍后出现。当出现白色条纹时，黑色素细胞的两条水平线逐渐消失（图 4.7 D2 ~ G2）。橙色的黄色素细胞出现在臀鳍和背鳍上（在图 4.8 E，F，H，J 中用箭头指示）和在尾柄上（图 4.8 G），尾鳍是最后一个没有色素的鳍。橙色的黄色素细胞覆盖着尾鳍的基部，靠近白色条纹（图 4.8 P），黑色的黑素细胞分布在黄色素细胞周围，尾鳍的末端保持透明。

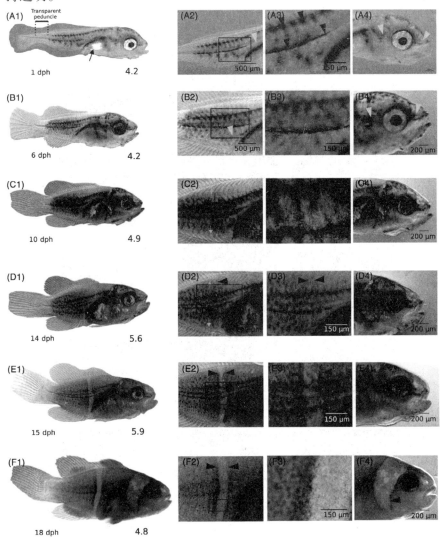

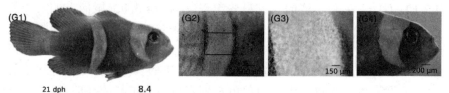

21 dph   8.4

图 4.7　仔鱼发育过程中色素沉着过程（Roux 等，2019）

注：A1 ～ G1：从 1 dph 到 21 dph 的仔鱼图片；A2 ～ G2：身体放大特写；A3-
G3：色素细胞放大；A4 ～ G4：头部放大，左侧黑字表示仔鱼孵化后天数（dph），右侧
黑字为标准体长。

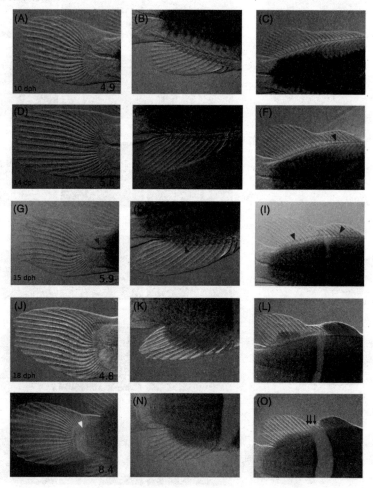

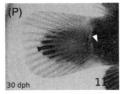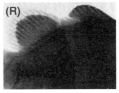

图 4.8 仔鱼发育过程中鱼鳍色素沉着过程（Roux 等，2019）

注：每 3 张横列图片依次为尾鳍、臀鳍、背鳍；每 6 张纵列图片为 10 ~ 30 dph 鱼鳍色素沉着过程；左侧黑字表示仔鱼孵化后天数（dph），右侧黑字为标准体长。

海葵鱼初孵仔鱼体色透明，3 ~ 4 d 后体色变深。仔鱼变态为幼鱼的时间随种类不同有较大区别。如双带双锯鱼 15 ~ 18 d 变态，18 d 开始可见天然颜色出现，25 d 可以和海葵共生（Kumar 等，2010）。海葵双锯鱼橙色体色开始出现于 16 d，21 d 变态完成，几乎所有鱼体色和成鱼一样，转入底栖生活（Kumar 和 Balasubramanian，2009）。白条双锯鱼初孵仔鱼全长 4.48 ± 0.17 mm，7 d 仔鱼体色转为微红色，11 d 出现 2 条白条纹，转为与海葵共生（Ho, Shih et al. 2009）。

海葵鱼早期发育速率还与环境因子密切相关。如黑双锯鱼浮游期在 28℃ 时比 25℃ 时缩短 25%（Green 和 Fisher，2004）。目前，有关环境因子影响海葵鱼早期发育的研究还比较少，有待进一步加强。

第二节 饵料生物的准备

饵料生物是鱼苗的物质基础，也是人工育苗成败的技术关键。海葵鱼育苗需鲜活的轮虫、桡足类和卤虫无节幼体。即使是在断奶期后，仍可其作为营养补充品，作为对生活饲料的补充。所以，育苗前应先做好饵料生物的培养工作，为鱼苗提供大量充足的生物活饵料。

一、轮虫和桡足类

目前由于海水鱼繁殖业的发展，配套商业也很发达，轮虫和桡足类有专门的养殖场在生产，所以这个过程在一些地区可以省略，在繁殖之前需要确认的是育苗场所在区域附近有没有供应商专门供应鲜活的轮虫和桡足类。如果没有，那么就要自己培育了，这个工作必需在育苗前 15 d 开始进行。具体培育方法可参照相关资料，这里就不赘述了。

需要指出的是,专业生产的轮虫和桡足类往往不是采用单细胞藻类培养的,所以在使用前,一般仍需用单细胞藻类和鱼油进行营养强化。

二、卤虫无节幼体

卤虫无节幼体是一些小的甲壳类动物,由卤虫卵孵化。这些卤虫卵可以从水族商店和水产养殖用品供应商购买。孵化是一种非常简单的过程,只要将卤虫卵放置在海水中并使其通气,18 ~ 24 h 后,卤虫无节幼体已经孵出来了。然后,将卤虫无节幼体与卵壳分离,即可使用。当然,孵化的器具可以自制,也可以购买专门的卤虫孵化桶(图 4.9)。

图 4.9　丰年虫孵化桶

然而,如果卤虫无节幼体与卵壳分离不干净,将卵壳和卤虫一起投喂,将引发严重的问题。这是因为,卵壳通常会被海葵鱼误食,导致肠阻塞,随着时间的推移,危害会变得越来越严重,造成大量死亡现象。这个问题可以通过购买"去壳的卤虫卵"来解决,也可以自行"去壳",方法如下:

(1)将所需数量的卤虫卵放入一个玻璃或塑料瓶 / 烧杯中,加入一定量的淡水,置于冰箱中冷冻 1 h。

(2)1 h 后将卤虫卵冷冻液取出并倒入次氯酸钠溶液,比例为 1 : 1。加入次氯酸钠溶液后立即开始搅拌。1 ~ 2 min 后,卤虫卵会开始变色,先是变灰,然后是白色,最后是黄色。当卤虫卵开始变黄时,去壳过程就完成了。从开始到结束,整个过程大概需 3 ~ 5 min。

(3)一旦卤虫卵开始变成黄色,将它们收集到网袋中,然后用干净的流动水清洗至少 2 min,直至氯的气味消失。

（4）去壳卤虫卵可以开始孵化,如果用不完,可用少量海水浸泡处理,在冰箱中储存一到两个星期。

使用去壳卤虫卵除了可防止仔鱼误食卵壳造成肠堵塞外,还有许多益处,如去壳卤虫卵在加工的过程中加入的氯制剂可同时杀灭卵壳上的细菌、真菌和聚缩虫,杜绝因卤虫卵消毒不严格而导致的疾病感染;同时从能量学角度看,为卤虫无节幼体孵化降低所需消耗的能量,故其营养优于传统孵化的卤虫无节幼体。为保证仔鱼的营养需要,卤虫无节幼体最好也用单细胞藻类和鱼油进行营养强化后再投喂。

第三节　海葵鱼鱼苗培育

一、育苗前的工作准备

主要做好育苗池与工具消毒工作。投放仔鱼前一天,用含氯 10% 的次氯酸钠 100 mg·L^{-1} 对育苗池和使用工具进行全面消毒（图 4.10）,再用干净淡水冲洗干净后方可放苗（图 4.11）,图 4.12 是捞网工作。

图 4.10　养殖池和工具消毒

图 4.11　放苗

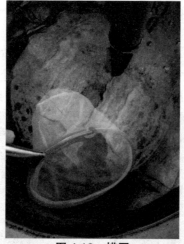

图 4.12　捞网

二、培育密度

布苗密度根据不同种类而有所不同,克氏双锯鱼以 3 尾 /L 左右为宜,而眼斑双锯鱼以 4 ~ 5 尾 /L 为宜。在育苗过程中,可根据海葵鱼的育苗成活率情况,可分池或并池。

三、日常管理

采用流水或微循环水培育。流水培育仔鱼期日换水量为

20% ~ 50%,变态期仔鱼期日换水量为50% ~ 100%。循环水培育方式为微流水循环,日循环水量控制在200%左右。饲育初期微充气,随着个体的生长,充气量渐渐加大。鱼苗开口投饵后,每天上午定时用小吸污管吸污1次。正常光照条件下,健康的仔鱼应该在水体中上层游动觅食,池底部仔鱼往往是不健康的,应该清除出去。

自然光照条件或人工光照条件,12L∶12 D的光周期,光照强度不能太高。

四、饵料系列与投喂量

在鱼类人工育苗中,饵料生物的培养是一个重要环节。当仔鱼孵出之后,卵黄已经基本消失,所以卵孵化后,当务之急是解决幼鱼饵料问题。仔鱼如果食物充足,死亡率可以大大降低。其次,鱼苗培育过程中要注意饵料转换和投饵量。经过长期的摸索、观察和研究发现,海葵鱼育苗的饵料序列为轮虫 – 桡足类 – 丰年虫幼体 – 配合饲料。

水温27 ~ 28℃时,海葵鱼仔鱼在孵化3 d之内,都没法摄食刚孵化的卤虫,开口饵料效果最好为轮虫,每天投喂2 ~ 3次,维持轮虫的密度在3 ~ 10 ind./ml的水平。轮虫的数量太少,仔鱼难捕食到足够多的轮虫进行生长。如果投喂太多的轮虫,仔鱼就会吃得太多,有可能造成消化不良,而且,太多的轮虫也会对水质产生不利影响,消耗过多的氧气,产生高浓度的废物氮代谢物。

海葵鱼仔鱼进食的时候会有一个典型的"S"形,它会向前冲,以抓住任何猎物。当仔鱼摄食后,腹部两侧突起小小的针尖。过了两三天,摄食良好的仔鱼其腹部变成鹅卵形。但摄食差的仔鱼,腹部仍然是针尖一样的锥形。

仔鱼第3 d(图4.13),开始投喂桡足类,密度维持在5 ~ 10 ind./ml水平;一般7 d左右,仔鱼进入变态期,便可以摄食刚孵化的卤虫了。但需注意的是,在变态期,仔鱼往往非常喜欢摄食卤虫,很容易暴食,所以投喂必须小心,不能投喂得太多,密度以5 ind./mL左右为宜。仔鱼第5 d如图4.14所示。克氏双锯鱼在15 ~ 20 d左右,可以完成变态发育成幼鱼,此时可以投喂人工饵料或冰鲜饵料(图4.15)。

变态发生在孵化后的第7 ~ 14 d,这取决于海葵鱼的种类和仔鱼的质量。发育较快的种类,在孵化后的第7 d,海葵鱼的仔鱼开始表现出变态的迹象:其中一些仔鱼会开始形成类似于成年鱼的颜色;另一方面是行为习性的改变,从变态开始,海葵鱼就会主动地游到育苗池的池边,然后下游到池的底部生活,在自然界中,这是他们寻找海葵的时候。但在育苗室,变态后的幼鱼仍需在育苗池中长大一段时间,直到它们足够强壮,可以从仔鱼的育苗池中安全移出,进入养成的系统里养殖。根据物种的不同,海葵鱼仔鱼变态后的 5 ~ 15 d 内可以移动到养成系统中去养殖。海葵鱼仔鱼的育苗存活率应该在 50% ~ 90%,这取决于物种和育苗的工作经验。

图 4.13　仔鱼期第 3 d

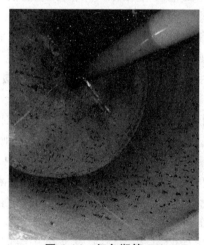

图 4.14　仔鱼期第 5 d

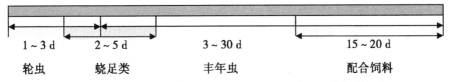

图 4.15　不同阶段克氏双锯鱼仔稚幼鱼不同发育阶段饵料需求

第五章 海葵鱼幼鱼培育

第一节 海葵鱼幼鱼的营养需求

海葵鱼仔幼鱼营养需求方面的研究还比较匮乏,仅见仔鱼饵料品种选择和利用方面(Olivotto 等,2008,2010;Divya 等,2011)。饲料中不恰当的营养配比不仅影响鱼类生长,还会导致鱼类行为和生理异常,降低对不良环境和疾病的抵抗能力(Oliva-Teles 2012)。目前初步研究了海葵鱼对三大能源——蛋白质、脂肪和糖类的需求,确定了饲料中合适的蛋白质、脂肪和糖类的比重。

一、海葵鱼对蛋白质的需求

蛋白质、脂肪和糖类是组织细胞的主要有机物,并且能为生命活动提供能量,其中蛋白质是鱼类生长、发育、繁殖以及维持机体正常生命活动的必需营养素,也是饲料中最贵的营养物质,其需求量研究在水产动物营养学研究中是最基本的一个环节。若饲料中蛋白质含量不足,将导致鱼类生长速度和饲料转化率降低(Xie 等,2011;Mohanta 等,2013;Xu 等,2015);反之,饲料中蛋白质含量过高,过多的蛋白质将分解仅作为能量使用,增加饲料成本不经济,同时会加重鱼体代谢负担,并使鱼体排放更多的氨氮,导致水体质量下降,对环境不友好(Carter 等,1998;Su 等,2008)。另外,不合适的营养还会导致鱼类行为和生理异常,降低对不良环境和疾病的抵抗能力(Oliva-Teles,2012)。目前,海水鱼蛋白质营养需求的研究基本都是针对经济食用鱼类,如波纹短须石首鱼(*Umbrina cirrosa*)(Akprunar 等, 2012),漠斑牙鲆(*Paralichthys lethostigma*)(Alam 等,2009),银鲳(*Pampus argenteus*)(Arshad 等,2010),半滑舌鳎(*Cynoglossus semilaevis*)(Liu 等, 2013), 大菱鲆(*Scophthalmus maximus*)(Liu 等,

2014 ），圆斑星鲽（*Verasper variegatus*）（Lv 等，2015）等，而对观赏性海水鱼类研究较少。

叶乐等（2017）采用蛋白质梯度法，通过研究饲料蛋白水平对眼斑双锯鱼幼鱼生长性能和饲料利用率的影响，求得最大生长和饲料利用率时配合饲料中最佳蛋白水平。

该实验结果显示，随着蛋白水平从 38.11% 增加至 50.02%，眼斑双锯鱼幼鱼质量增加率和特定生长率均逐渐增加，表明一定范围内，饲料蛋白水平的增加可以促进幼鱼的生长。实验结果还显示随饲料蛋白水平继续增加至 53.16% 时，质量增加率和特定生长率反而下降，虽然未达到显著差异，但也表现出了过高的蛋白水平对幼鱼生长有副作用的趋势，饲料蛋白水平与幼鱼生长回归曲线符合二次曲线模型，造成这一结果的原因可能是蛋白质摄入过量造成体内自由氨基酸累积过量，进而导致蛋白质中毒，或者氮排泄代谢耗能大于摄取的蛋白能量而造成生长率不升反降（Bjerkeng 等，1997）。过高的饲料蛋白水平抑制生长现象在一些海水经济鱼类中也有发现，如项带重牙鲷（*Acipenser perscicus*）投喂蛋白水平 50% 的饲料时，生长显著低于投喂蛋白水平为 40% 的饲料（Mohseni 等，2013）；棕点石斑鱼（*Epinephelus fuscoguttatus*）和鞍带石斑鱼（*Epinephelus lanceolatus*）杂交种特定生长率随饲料蛋白水平增加而增加，但当饲料蛋白水平达 55% 时，特定生长率又降低（Rahimnejad 等，2015）；而一些鱼类如鲈鱼（*Lateolabrax japonicus*）（陈壮等，2014）、星斑川鲽（*Platichthys stellatus*）（丁立云等，2010）和卵形鲳鲹（*Trachinotus ovatus*）幼鱼（刘兴旺等，2011）等则不同，这些鱼类在高蛋白水平下仍维持较高生长水平而不下降，其饲料蛋白水平与幼鱼生长符合折线模型。对眼斑双锯鱼幼鱼质量增加率与蛋白质进行回归分析，得出二次方程 $y = -0.866\,6x^2 + 89.63x - 1\,856.9$（$R^2 = 0.736\,7$），求出当 $x=51.8$ 时，质量增加率最大。对特定生长率与蛋白质进行回归分析，得出二次方程 $y = -0.002\,9x^2 + 0.2965x - 4.410\,2$（$R^2 = 0.802$），求出当 $x=51.1$ 时，特定生长率最大。根据生长指标质量增加率和特定生长率的分析结果，眼斑双锯鱼幼鱼适宜蛋白水平为 51.1% ~ 51.8%。

随着蛋白水平增加，蛋白质效率呈先上升后下降的趋势，峰值出现在蛋白水平 47.21% 处理组，而饲料系数随蛋白水平增加呈先下降后上升的趋势，谷值出现在蛋白水平 47.21% 处理组。日摄食率在饲料蛋白水平 38.11% 时达最低，其余实验组间无显著差异（$P>0.05$）。对饲料系数与蛋白质进行回归分析，得出二次方程 $y = 0.014\,2x^2 - 1.349x + 34.6$（$R^2 = 0.6792$），求出当 $x=47.5$ 时，饲料系数最小。对蛋白质效率与蛋白质进行回归分析，

得出二次方程 $y = -0.004\ 3x^2 + 0.411\ 3x - 8.641\ 1$（$R^2 = 0.5991$），求出当 $X=47.8$ 时，蛋白质效率最高。实验结果还表明，投喂低蛋白水平（38.11%）饲料时，眼斑双锯鱼摄食率显著高于其他蛋白水平实验组，说明幼鱼在饲料蛋白水平低的时候通过增加摄食量以满足蛋白质的需要。这与星斑川鲽（丁立云等，2010）和乌苏拟鲿（*Pseudobagrus ussuriensis*）（Wang 等，2013）研究结果类似。同样，波纹短须石首鱼高蛋白水平组（53% 和 59%）日摄食率显著低于低蛋白水平组（35%），饲料利用效率随饲料蛋白水平增加而提升（Akpınar 等，2012）；圆斑星鲽饲料系数随蛋白水平增加而降低（Lv 等，2015）。不同的是眼斑双锯鱼随着饲料蛋白水平的增加，饵料系数先下降后上升，而蛋白质效率先升高后下降，即饲料利用效率和蛋白质转化效率在蛋白水平 47.21% 实验组达最高后随蛋白水平继续增加而下降。而与银鲳类似，在低蛋白水平（35%）饲料系数显著低于高蛋白水平组，蛋白水平过高（55%），蛋白质效率下降（Arshad 等，2010）。表明一定程度提高饲料蛋白水平可以提升饲料利用效率和蛋白质转化效率，但过高的蛋白水平反而对饲料利用效率和蛋白质转化效率下降，尽管此时生长速度可能仍持续加快。根据饲料利用效率和蛋白转化效率指标，回归得出眼斑双锯鱼幼鱼适宜蛋白水平为 47.5% ~ 47.8%，比生长指标得出的适宜蛋白水平低，说明综合考量生长和饲料利用效率指标确定最适饲料蛋白水平会较为客观。综合生长和饲料利用指标，眼斑双锯鱼幼鱼适宜蛋白水平为 47.5% ~ 51.8%，与目前所知其他肉食性海水鱼类蛋白质需要量基本一致（一般在 45% ~ 55%），如卵形鲳鲹适宜的蛋白质需要量为 45.75%（刘兴旺等，2011），波纹短须石首鱼最适蛋白水平为 51.4%（Akpınar, Sevgili et al. 2012），漠斑牙鲆（Alam 等，2009）脂肪水平 10% 时最适蛋白水平 50%，银鲳最适蛋白水平为 49%（Arshad 等，2010），圆斑星鲽脂肪水平 8% 时最适蛋白水平 50%（Lv 等，2015），半滑舌鳎最适蛋白水平为 55%（Liu 等，2013），大菱鲆最适蛋白水平为 55%，此时生长最快，饲料利用效率和能量利用效率最高（Liu 等，2014）。

该实验研究还发现，不同蛋白质对幼鱼全鱼水分和灰分无显著影响；全鱼粗蛋白随饲料蛋白水平升高呈现先升后平稳的趋势；全鱼粗脂肪随饲料蛋白水平升高呈现先下降后上升的趋势；饲料蛋白水平对对水分和灰分无显著影响。饲料蛋白水平对眼斑双锯鱼幼鱼肥满度、脏体指数、肝体指数无显著影响。许多研究认为，随饲料蛋白水平增加，体成分中粗蛋白质量分数一般呈增加趋势，而粗脂肪质量分数呈下降趋势（马国军等，2012；Mohseni 等，2013；Lv 等，2015）。但是也有研究表明，随饲料蛋白水平增加而增加，波纹短须石首鱼鱼体成分也无显著差异（Akpınar

等，2012）；也有研究表明，南亚野鲮（*Labeo rohita*）体成分中粗蛋白和粗蛋白质量分数均随饲料蛋白水平增加而增加（Khan 等，2005）。可见，体成分变化可能存在种类和个体差异，也可能存在养殖环境和实验条件与方法等差异的影响。本实验结果与以上结果也有所不同，随饲料蛋白水平增加，体成分中粗蛋白质量分数呈增加趋势，但到一定水平后维持该水平不再增加，而粗脂肪质量分数呈先下降后上升的趋势。可能的原因是随着摄入蛋白增加，有更多蛋白质可用于鱼体的组织修复和新的组织形成（邓君明等，2007），此时表现出粗蛋白质量分数增加，但摄入过量蛋白质超出机体组织需要时，多余蛋白质不再用于组织构建而可能转化为脂肪在体内储存，此时表现出粗蛋白质量分数稳定而粗脂肪质量分数增加。作为鱼体营养状态指标肥满度、肝体指数和内脏指数，饲料蛋白水平对其影响不显著，与乌苏拟鲿研究结果一致（Wang 等，2013），项带重牙鲷肝体指数在各蛋白水平实验组间也无显著差异（Mohseni 等，2013），而圆斑星鲽肝体指数和内脏指数随着饲料蛋白水平的增加呈现下降的趋势，而肥满度无显著差异（Lv 等，2015）。

二、海葵鱼对脂肪的需求

脂肪是鱼类的三大营养物质和能量来源之一，适当的脂肪水平具有促生长和节约蛋白质作用，而脂肪水平过低会引起脂溶性维生素和必需脂肪酸的缺乏，脂肪水平过高会引起肝脏脂肪过量沉积，两者均可导致生长缓慢或抗病能力下降（覃川杰等，2013）。目前，海水鱼脂肪营养需求的研究基本都是针对经济食用鱼类，对观赏性海水鱼类研究较少。

胡静等（2016）采用脂肪梯度法，通过研究饲料中不同脂肪水平对眼斑双锯鱼幼鱼生长性能、饲料利用率和全鱼营养成分等参数的影响，获得眼斑双锯鱼人工配合饲料中最佳脂肪水平。

实验以鱼粉和豆粕为主要蛋白源，以鱼油为主要脂肪源，以玉米淀粉为主要糖源，设计 6 个脂肪水平饲料，含量分别为 4.42%、7.42%、10.42%、13.42%、16.42%、19.42%。

实验结果显示，随着饲料脂肪水平增加，眼斑双锯鱼增重率（WG）、特定生长率（SGR）和蛋白质效率（Protein Efficiency Ratio, PER）均呈现先增加后下降的趋势，峰值出现在脂肪水平 13.4% 处理组，分别比低脂肪（4.4%）组高 36.7%、19.3% 和 52.9%，分别比高脂肪（19.4%）组高 38.7%、21.2% 和 48.6%；而饲料系数（Feed Conversion Ratio, FCR）随饲料脂肪水平增加呈先下降后上升的趋势，谷值出现在脂肪水平 13.4% 处理组,比低脂肪(4.4%)组低 34.7%,比高脂肪(19.4%)组低 32.8%。摄食率(Daily Feed Intake, DFI)在 10.4%、13.4% 和 16.4% 处理组时显著低于 4.4%、7.4% 和 19.4% 处理组($P<0.05$)。对 SGR 与饲料脂肪水平进行回归分析,得出二次方程 $y = -0.005\,1x^2 + 0.124\,2x + 1.436\,7$($R^2 = 0.629\,6$),求出当 $x=12.2$ 时,SGR 最大。对 FCR 与饲料脂肪水平进行回归分析,得出二次方程 $y = 0.022\,2x^2 - 0.570\,8x + 6.5613$($R^2 = 0.6394$),求出当 $x=12.9$ 时,FCR 最小。肥满度(Condition Factor, CF)在饲料脂肪水平 4.4% 时最低(1.8%),显著低于其他饲料组($P<0.05$),其他饲料组间无显著差异($P>0.05$);中高饲料脂肪水平(10.4% ~ 19.4%)组脏体指数(Viscerosomatic Index, VSI)平均比较低脂肪水平(4.4% 和 7.4%)组高 49.8%;肝体指数(Hepatosomatic Index, HSI)在饲料脂肪水平 19.4% 时最高,分别比中脂肪组(13.4%)和低脂肪组(4.4%)高 25.5% 和 85.5%,差异显著($P<0.05$),饲料脂肪水平 7.4% 至 16.4% 实验组间无显著差异($P>0.05$)。

研究表明,在饲料高脂肪水平组摄食率并没有显著下降,造成生长率下降的原因是饲料系数提高。FCR 与 PER 指标结果均显示,脂肪水平 13.4% 处理组的饲料效率和蛋白质利用效率均最高,随后随饲料脂肪水平提高而显著下降($P<0.05$),回归分析得出当饲料水平 12.9%,饲料效率最高。综合生长速率和饲料转换效率指标,眼斑双锯鱼幼鱼饲料最适脂肪水平为 12.2% ~ 12.9%。

研究结果显示,眼斑双锯鱼幼鱼全鱼粗脂肪随饲料脂肪水平增加呈现逐渐增加趋势,在脂肪水平 13.4% 达到最高水平后维持较高水平,与此类似,军曹鱼(*Rachycentron canadum*)幼鱼鱼体和肝脏中脂肪含量随着饲料脂肪水平的增加而增加,不同的是,饲料脂肪水平为 25% 时脂肪沉积才达到最大(Wang 等,2005);类似的报道还有红姑鱼(*Sciaenops ocellstus*)幼鱼(Ellis 和 Reigh,1991)、瓦氏黄颡鱼(*Pelteobagrus vachelli*)(郑珂珂等,2010)、点篮子鱼(*Siganus guttatus*)(朱卫等,2013)、乌苏里拟鲿(*Pseudobagras ussuriensis*)(杨雨虹 等,2015)等。可见,鱼体会将一部分摄入的脂肪转化为体脂,贮存于肌肉、肝脏和其他内脏中,这点还可在肝体指数和脏体指数上得以证实,实验中眼斑双锯鱼肝体指数和脏体指数均有随饲料脂肪增加而增加的趋势。其他鱼类如许氏平鲉(*Sebastes schlegeli*)(宋理平等,2014)、军曹鱼(Wang 等,2005)、黑线鳕(*Melanogrammus aeglefinus*)(Tibbetts 等,2005)等的肝体指数和脏体指数随着饲料脂肪水平的升高而增大。该研究还发现,全鱼粗脂肪含量在饲料脂肪水平 13.4% 达到最高值后,随着饲料水平继续增加,全鱼粗脂肪含量维持较高水平而不再继续增加,而饲料脂肪水平19.4%时肝脏指数显著增大(P<0.05),表明鱼体储存脂肪的能力已经达到极限,造成肝肥大。与粗脂肪相反,眼斑双锯鱼幼鱼全鱼粗蛋白随饲料脂肪水平增加呈现逐渐降低趋势,类似结果在异育银鲫(王爱民等,2010)、瓦氏黄颡鱼(*Pelteobagrus vachelli*)(郑珂珂等,2010)、大西洋鲑(*Salmon salar*)(Bjerkeng 等,1997)等中也有发现,具体原因有待深入研究。

三、海葵鱼对糖类的需求

饲料中不恰当的营养配比不仅影响鱼类生长,还会导致鱼类行为和生理异常,降低对不良环境和疾病的抵抗能力(Oliva-Teles,2012)。糖类是鱼类的三大营养物质和能量来源之一,而且是饲料中最便宜的能源物质,但不同的鱼类对其利用率有较大不同,一般来说,肉食性鱼类对糖类的利用能力远低于杂食性和草食性鱼类(Hemre 等,2002; Oliva-Teles,2012)。目前,海水鱼糖类营养需求的研究大多都是针对经济食用鱼类,如鳕鱼(*Gadus morhua*)(Hemre 等,1993),点篮子鱼(*Siganus guttatus*)(李葳等,2012),军曹鱼(*Rachycentron canadum* L.)(Ren 等,2011)等,而对观赏性海水鱼类研究较少。

赵旺等(2017)采用糖类梯度法,通过研究饲料糖类水平对眼斑双锯鱼幼鱼生长性能、饲料利用率和全鱼营养成分等参数的影响,获得眼斑双锯鱼人工配合饲料中最佳糖类水平。实验以鱼粉和豆粕为主要蛋白源,以卵磷脂、鱼油和豆油为主要脂肪源,以高筋面粉为主要糖源,设计7个糖类水平饲料,含量分别为4.37%、8.37%、12.37%、16.37%、20.37%、24.37%、28.37%。

实验结果发现,随着糖水平从4%增加至16%之间,WG 和 SGR 均逐渐增加,而糖水平16% ~ 28%,WG 和 SGR 均呈下降趋势。随着糖水平增加,PER 呈先上升后下降的趋势,峰值出现在糖水平8%处理组,而 FCR 随糖水平增加呈先下降后上升的趋势,谷值出现在糖水平8%处理组。FR 随饲料糖水平增加呈逐渐增加趋势,在糖水平24%时达最高,随后糖水平28%时下降。对 WG 与糖水平进行回归分析,得出二次方程 $y = -0.304\ 4x^2 + 9.784\ 5x + 88.541$ ($R^2 = 0.678\ 6$),求出当 $x=16.07$ 时,WG 最大。对 SGR 与糖水平进行回归分析,得出二次方程 $y = -0.002\ 2x^2 + 0.071\ 4x + 1.183\ 6$ ($R^2 = 0.692$),求出当 $x=15.95$ 时,SGR 最大。对 FCR 与糖水平进行回归分析,得出二次方程 $y = 0.003\ 1x^2 - 0.053\ 7x + 3.009\ 3$ ($R^2 = 0.830\ 2$),求出当 $x=10.35$ 时,FCR 最小。对 PER 与糖水平进行回归分析,得出二次

方程 $y = -0.000\ 7x^2 + 0.011\ 7x + 0.963\ 1$（$R^2 = 0.794\ 6$），求出当 $x=15.95$ 时，PER 最大。

糖是饲料中最便宜的能源物质，所以提高饲料糖水平是节约饲料成本的有效举措，但不同的鱼类对其利用率有较大不同，一般来说，肉食性鱼类对糖类的利用能力远低于杂食性和草食性鱼类，当然适当的糖水平对肉食性鱼类的生长同样有促进作用（Hemre 等，2002）。该实验研究结果表明，在糖水平 4% ~ 16%，眼斑双锯鱼幼鱼 WG 和 SGR 呈现逐渐增加的趋势，随后随糖水平增加而呈下降趋势，在糖水平 28% 时显著低于糖水平 12% ~ 20%，说明过高的糖水平对眼斑双锯鱼幼鱼生长有显著的抑制作用。这点与肉食性鱼类如军曹鱼（*Rachycentron canadum* L.）（Ren, Ai et al. 2011）、日本黄姑鱼（*Nibea japonica*）（Li, Wang et al. 2014）、黄鳍鲷（*Sparus latus*）（Hu, Liu et al. 2007）等种类类似。对 WG 和 SGR 与糖水平进行回归分析，得出当糖水平 15.95% ~ 16.07% 时，生长最快，是最适添加量。低于杂食性偏植食的点篮子鱼最适糖水平（20.83%）（李葳等，2012），略低于肉食性淡水鱼类斑点叉尾鮰（*Ictalurus punctatus*）（17.55% ~ 18%）（张盛，2014），略高于肉食性海水鱼类日本黄姑鱼（12.2% ~ 12.7%）（Li, Wang et al. 2014）。除了食性的差别外，温度也可能是影响鱼类对糖利用的一个因子，如 Wilson（1994）证明暖水性鱼类对糖的利用效率高于冷水性鱼类；还有研究表明，欧洲舌齿鲈（*Dicentrarchus labrax*）对糖的表观消化率随着养殖温度的升高而升高（Moreira 等，2008）。而且，同样为暖水性肉食性海洋鱼类，其最适糖水平也因种类而异，如军曹鱼幼鱼 18.0% ~ 21.1%（Ren 等，2011），日本黄姑鱼幼鱼为 12.2% ~ 12.7%（Li 等，2014），而黄鳍鲷幼鱼只有 8.4%（Hu 等，2007）。

该研究还表明，饲料糖水平 8% 时，FCR 最低，而 PER 最高，当超过 8% 后，FCR 逐渐增加，PER 下降，说明眼斑双锯鱼幼鱼可在一定程度上利用糖而节约蛋白的消耗；而 SGR 峰值出现在糖水平 16% 处理组，表明糖对蛋白的节约作用较为有限，当糖水平高于 8% 后生长的提高更多是依赖于 FR 的增加。这点与点篮子鱼类似，即 FCR 和 FR 随饲料糖水平增加而增加（李葳等，2012）。研究证实糖对蛋白节约作用较明显的还有南亚野鲮（*Labeo rohita*）（Erfanullah & Jafri, 1995），杂交罗非鱼（*Oreochromis niloticus×O. aureus*）（Wang 等，2005），短盖巨脂鲤（*Piaractus brachypomus*）（Vásquez-Torres & Arias-Castellanos, 2013），瓦氏黄颡鱼（*Pelteobagrus vachelli*）（杨莹等，2011）等；而对蛋白节约不明显的有日本黄姑鱼（Li, Wang et al. 2014），大菱鲆（*Scophthalmus maximus Linnaeus*）和牙鲆（*Paralichthys olivaceus*）（李晓宁等，2011）等。所以，幼鱼利用糖节约蛋白的效能也因种类而异。对 FCR 和 PER 与糖水平进行回归分析，求出当饲料糖水平 10.35% 时，FCR 最小；而糖水平 8.36 时，PER 最高。因此，从蛋白质效率和饲料效率来看，眼斑双锯鱼幼鱼饲料最适糖添加量为 8.36% ~ 10.35%。

该实验结果表明，不同糖水平对幼鱼全鱼水分和灰分无显著影响；全鱼粗蛋白在糖水平 4% 时显著低于糖水平 12% 时，其余各糖水平组均无显著差异；全鱼粗脂肪在糖水平 8% 时最低，随后随糖水平增加而增加，在糖水平 20% 达到最高水平，24% 和 28% 糖水平组略有下降，但组间差异不显著。饲料糖水平对眼斑双锯鱼幼鱼肥满度无显著影响；低糖组（4% 和 8%）脏体指数显著低于其他糖水平组；肝体指数呈现先上升后平稳的趋势。

鱼体对糖的代谢包括酵解氧化供能和转化储存 2 种方式，其中转化存储有合成肝糖原和合成脂肪两个途径，脂肪合成能力高表明鱼类对糖利用能力较强（罗毅平，谢小军，2010）。该实验结果显示，眼斑双锯鱼幼鱼全鱼粗脂肪随饲料糖水平增加而增加，在糖水平 20% 达到最高水平，24% 和 28% 糖水平组略有下降，但组间差异不显著。说明随着饲料糖水平增加，体内脂肪累积量增加，而过高的糖水平下体内脂肪累积量反而会下降。许多研究均证实鱼类可将饲料中的糖转化为脂肪存储于体内，如篮子鱼在饲料糖水平 5% ~ 25% 范围，全鱼脂肪随糖水平增加而增加（李葳，侯俊利，2012）；吉富罗非鱼（*Oreochromis niloticus*）在糖水平 10% 增至 45% 范围，其全鱼脂肪也呈逐渐增加趋势（蒋利和，吴宏玉，2013）。而过高的糖水平下体内脂肪累积量下降现象在其他鱼类中也有发现，如异育银鲫（*Carassius auratus var. gibelio*），全鱼脂肪含量在糖水平 24% ~ 28% 时稳定，而糖水平从 28% 增至 40% 时脂肪含量降低，表明过高的糖水平会降低糖的利用（Wang 等，2009）；虽然日本黄姑鱼饲料中添加糖水平 0% ~ 24% 范围没有发现全鱼和肌肉脂肪明显积累，但在过高的糖水平（30%）时全鱼和肌肉脂肪均下降（Li 等，2014）。这一现象还可从脏体指数和肝体指数中得以验证。实验中饲料糖水平对眼斑双锯鱼幼鱼肥满度无显著影响，但低糖组（4% 和 8%）脏体指数显著低于较高糖水平组，肝体指数呈现先上升后平稳的趋势，到一定水平后肝体指数不再增加，说明幼鱼可以将摄入的多余能量以脂肪的形式储存在肠系膜、肝脏和肌肉中（罗毅平，谢小军，2010），达一定量后肝脏对脂肪积累已经饱和。然而，也有一些鱼类在糖水平过高时仍保持脂肪累积量的增加，如军曹鱼（Ren 等，2011）和南亚野鲮（Erfanullah 和 Jafri，1995）。可见，鱼类对糖的代谢还是比较复杂,需要进一步细致的研究。

总之,饲料糖水平对眼斑双锯鱼幼鱼生长参数 WG、SGR,饲料效率参数 FCR、PER 以及全鱼的粗脂肪等均有显著影响,从生长参数与饲料糖水平回归方程得出最适糖添加量为 15.95% ~ 16.07%;而从饲料效率参数与饲料糖水平回归方程得出最适糖添加量为 8.36% ~ 10.35%。从体粗脂肪积累看,以不超过 20% 为宜。

第二节　海葵鱼幼鱼培育技术

一、养殖前准备

(一)养殖用水

水泥池用水采用优质自然海水,用潜水泵抽取海边砂滤井中的海水,再经砂滤池过滤后使用;高位池用水直接用潜水泵抽取海边砂滤井中的清新海水。培育期间的水温在 24.0 ~ 29.0 ℃,盐度 20 ~ 32,pH7.95 ~ 8.3,溶解氧 5 mg·L^{-1} 以上,氨氮 0.10 ~ 0.12 mg·L^{-1}。高位池要求水体透明度在 40 cm 以上。

(二)养成系统

当海葵鱼 30 日龄左右,全长达 1 cm 左右时,需移至养殖系统中养成。养成系统可采用室内水族箱进行循环水养殖,也可利用室外水泥池进行流水养殖(图 5.1),或建成水泥池循环水养成系统(图 5.2),也可旧水产养殖池进行改造后进行循环水养殖(图 5.3,图 5.4),在水泥池上方悬挂遮阳网避免阳光直射,光照强度控制在 3 000 lux 以下,池内放置尼龙网箱或塑料网箱数个,大部分鱼苗放于网箱中进行养殖,直到全长达 3 cm 以上时挑出放至进行网箱外养殖待售。

(三)鱼苗培育环境条件

育苗用水水质需经沉淀、砂滤和消毒等三级处理后使用。水温 25 ~ 30℃,盐度 15 ~ 32,pH8.0 ~ 8.4,溶解氧 5 mg 以上,氨氮 0.005 mg·L^{-1} 以下,避免阳光直射,光照控制在 500 ~ 2 000 lux 左右。

图 5.1　流水养成系统

图 5.2　水泥池循环水养成系统

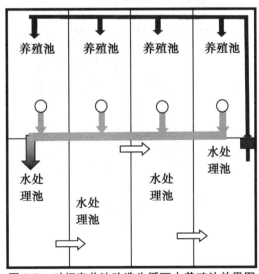

图 5.3　对虾育苗池改造为循环水养殖池效果图

图 5.4　旧水产养殖池改装海葵鱼养成系统

二、培育密度

　　根据不同海葵鱼品种和循环水设备情况,采用不同的培育密度,布苗密度一般为 0.5 ～ 2 尾 /L 左右(图 5.5,图 5.6)。

图 5.5　放养海葵鱼幼鱼（一）

图 5.6　放养海葵鱼幼鱼（二）

三、投喂管理

全长小于 1 cm 的鱼苗一般投喂活的丰年虫。随着鱼苗的长大驯食一些配合饲料，当鱼苗全长超过 1 cm 后全部投喂配合饲料，一天投喂 4 ~ 6 次，分别在 8：00、10：00、12：00、14：00、16：00 和 18：00 投喂。定点投喂，可自制圆形或方形饲料投喂圈，在饲料投喂圈内缓慢投喂（图 5.7，图 5.8），直至鱼不积极摄食时停止投喂。每 7 d 补充投喂一次丰年虫。

图 5.7　在饲料投喂圈中给海葵鱼喂食

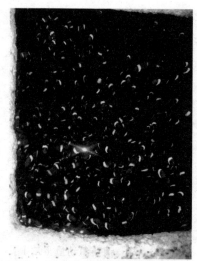

图 5.8　海葵鱼在饲料投喂圈中摄食

海水鱼营养需求的研究以及市售商品饲料基本都是针对经济食用鱼类,对观赏性海水鱼类开发较少,特别是未见海葵鱼幼鱼专属的配合饲料。在海葵鱼培育过程中,饲料成本无疑占据了比较大的成本份额。目前,幼鱼在断奶期后,主要使用新鲜鱼虾肉和市售海水观赏鱼成品鱼饲料投喂。使用新鲜鱼虾糜不仅价格高而且易污染水质,而市售海水观赏鱼成品鱼饲料价格昂贵,也不一定能满足幼鱼的生长需要和适口性,不适宜在产业化应用,因此,经济适用的幼鱼人工配合饲料开发对海葵鱼繁殖产业化具有重要的意义。

根据海葵鱼幼鱼阶段的营养生理特点,确定满足最大生长率的蛋白质、脂肪和糖以及能量需要量;根据幼鱼对各饲料原料的消化率确定各原料配比;再综合考虑饲料转化率提出成本较低的全营养幼鱼饲料配方。

制作时将各原料粉碎并过筛(0.2 mm 网目),用小型搅拌机搅拌 5 min 彻底混匀,再以小型颗粒机制粒(颗粒直径 1.0 mm),日晒晾干至水分为 10.0% 左右,然后包装、冷藏保存。

四、日常管理

温度控制:全年水温控制在 25 ~ 30 ℃。光照强度控制在 2 000 ~ 5 000 lux。

循环水系统换水:每周换水 10%,秋、冬季由于加温使养殖水蒸发加大,从而引起盐度升高,所以每天应加入适量淡水保持盐度。

每天定时吸污换水 1 次(图 5.9),同时在每个养殖池内放养舔食性螺类(马蹄螺)若干只,用以舔食养殖池壁上的附着藻类。定时监测养殖水理化指标,并做出相应调整。图 5.10 所示是晚上鱼在养殖池角落休息。

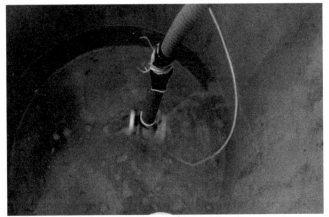

图 5.9　吸污换水

图 5.10　晚上鱼在养殖池角落休息

五、捕获出售

当海葵鱼养殖 2 ~ 3 个月,全长 3 cm 以上就可以捕获出售。但在养殖过程中,同一批次的鱼个体间生长速度各有不同,最后规格会参差不齐,所以部分达到规格就可以把它们挑选出来先行出售,余下部分继续养殖。

挑选鱼采用筛鱼工具会省时省力。方法为排水至低水位后用捞网捕鱼(图 5.11),选择合适规格的鱼筛(图 5.12)置于养殖池,将捕获的鱼倒进去,规格小的鱼从筛网间游出,剩下的即为符合规格可出售的鱼。将挑选出的鱼置于菜篮中暂养(图 5.13,图 5.14),出售时从菜篮中捞取计数(图 5.15)即可打包运输(图 5.16)。

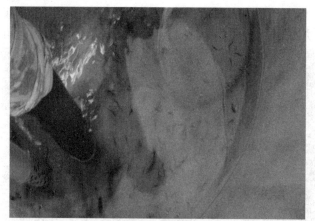

图 5.11　捕捞幼鱼

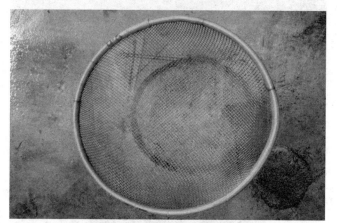

图 5.12　不锈钢筛鱼工具

图 5.13　挑选出待售的鱼置于菜篮

图 5.14 待售的鱼置于菜篮中暂养

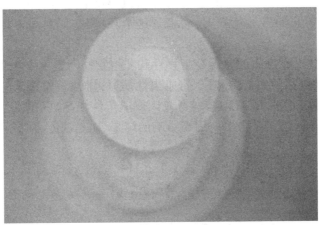

图 5.15 计数用碗

图 5.16 打包

第三节　养殖病害防治

一、疾病发生的原因

尽管大多数的水产养殖者都渴望在养殖过程中无病害发生,但这是不太现实的事情,特别是在产业化养殖系统中。在野生环境中,鱼的免疫系统和低的种群密度限制了疾病的发生。在工厂化养殖系统中,小体积的水环境和相对较高的养殖密度常常导致毁灭性的疾病暴发。甚至有观点认为,一个完全无病害的环境对养殖鱼类反而是有害的,将使养殖鱼类失去对疾病的自然免疫力,而离开这个环境,它们对病害将毫无防御能力。

海葵鱼疾病发生的原因有生物性和非生物性因素。生物性病因又称病原侵害,包括微生物性病原、寄生虫性病原;非生物性因素包括非正常的环境因素、营养不良、动物本身先天或遗传性缺陷、机械损伤等等。疾病的发生往往不是某个单一因素影响的结果,而是病原、宿主和环境相互作用的结果。

在正常情况下,鱼和病原共存于养殖系统,处于相对的平衡中,鱼的免疫系统保护它不受感染。当少数几条鱼遭受胁迫,免疫系统被破坏,它们就不能再抵抗感染,那么平衡就会受到干扰。病原会逐渐增加并扩散,最后健康的鱼也会被感染。所有传染病的爆发都可以追溯到鱼遭受了环境胁迫。运输、处理和环境的突然变化(如温度、盐度、光强度),水质差、攻击、毒素、食物质量差、缺乏避难所和不合适的底质等等,都可能让鱼类遭受胁迫。

当一条鱼遭受胁迫时,释放出的应急激素会改变它的代谢状态,从合成代谢(能量被吸收和储存)到分解代谢(储存的能量被迅速消耗)。如果胁迫只持续很短的时间,在解除胁迫因素后,鱼可以很快恢复。如果持续较长时间,鱼就会筋疲力尽。应急激素皮质醇的一个副作用是它会导致血液中的白血细胞数量减少。白血细胞是脊椎动物的主要内部免疫防御形式,用于消灭细菌等外来细胞,并产生对抗病毒和寄生虫感染的抗体。疲惫和白血球减少使鱼极易受到病原侵袭而发病。胁迫引起鱼类疲惫和免疫力低下,再到疾病的发作需要一定的时间,疾病往往有潜伏期,可能两到四个星期才能显现出来。

二、疾病的预防

水产养殖业者往往有很深的体会,鱼类疾病暴发是令人非常头疼的事情,要么治疗无效,要么治疗有时有效有时无效,要么治愈一段时间又发作,总之根治疾病是非常困难的事情,这是由鱼类疾病特点决定的。鱼类疾病的特点是发现难、诊断难、治疗难。鱼生活于水中,疾病开始发作时不易发现,到我们发现时往往已经病得非常严重了;造成鱼类发病的原因复杂,常为综合或并发感染,所以对我们的诊断技术要求很高;有时候病原找到但仍未能治愈,因为药浴法受复杂的水环境因素影响,施药效果不确定,口服用药的矛盾是健康鱼摄取的药物多,病鱼因食欲减退摄取药物少或没有。各种原因导致养殖鱼类疾病难以治疗,所以海葵鱼养殖要树立以防为主,防治结合的方针。

通过谨慎的管理来避免鱼遭受胁迫,是对抗鱼类疾病的最有力的方法。通过为鱼类提供和维持一个无压力的环境,谨慎的管理可以有效地消除疾病流行。具体的主要措施为:

（1）做好养殖池和工具的消毒工作,用药后用清水洗净,消除残留药物。

（2）捕鱼或运输,最好使用麻醉剂如2-苯氧乙醇进行麻醉。

（3）分级饲养,调节放养密度。

（4）满足鱼类的营养需求。投喂优质饲料,加强营养。保证饲料质量,投喂要定时定量,不要随意多投、少投,还要根据季节、气候等情况,调整投饲量。

（5）保持水质稳定,换水避免大排大灌。坚持每天检测各项水质指标,出现异常波动应分析原因并及时处理。

（6）早发现养殖池异常情况,包括水色、过滤器材以及藻类生长等情况。

（7）勤观察,持续的监控鱼类行为。任何表现出异常行为或遭受胁迫的鱼,都应立即从养殖系统中移除,放入检疫系统进行观察,并进行可能的治疗。

（8）对一些季节性常见疾病要提前预防,早发现,早用药,降低病害暴发的危害。

三、主要疾病及其防治方法

（1）神经坏死病毒病。

病因：

Binesh 等（2013）在养殖的 Amphiprion sebae 观察到神经坏死病毒病，造成频繁的死亡，死亡率达 80%。鉴定病原为神经坏死病毒，与红点石斑鱼神经坏死病毒（Red-spotted Grouper Nervous Necrosis Virus，RGNNV）相似度极高。

症状：

主要病症为病鱼表现出不同程度的神经异常。

垂死的幼鱼表现出典型的病毒性坏死的临床症状，例如病鱼不摄食，腹部朝上，在水面作不协调的、螺旋状的游泳行为、对刺激的高度敏感。

诊断：

通过对临床症状、组织病理学和分子诊断技术方法进行诊断。组织学研究显示，在大脑和双极和神经节层中有严重的空泡变性。

防治：

无有效的治疗药物。只能做好预防工作：加强检疫工作；育苗用水经紫外线过滤消毒；防止交叉感染。

（2）淋巴囊肿病。

病因：

病原为虹彩病毒科（Iridoviridae），淋巴囊肿病毒（Lymphocystic Virus，LCV）。

症状：

慢性皮肤瘤。开始白色的胞囊发生于鱼鳍边缘。一段时间后发展成疣状增生物，严重时由鱼鳍蔓延至体表，呈白色、淡灰色、灰黄色，较大囊肿可见的红色小血管（图 5.17）。

诊断：

皮肤抹片镜检可观察到被淋巴囊肿病毒感染的肥大细胞，直径可达 500 μm，体积是正常细胞的数百倍。确诊可通过电镜观察到病毒粒子；用 BF-2、LBF-1 等细胞株分离培养病毒等。

防治：

没有特别有效的治疗方法，做好预防工作。水质状况良好时囊肿有时会自行消失。

手术刮除囊肿后以碘酒消毒伤口，并投喂抗菌药饵，以预防继发性的细菌感染。

使用 H_2O_2（30% 浓度）50 mg·L^{-1}，浸洗 20 min，淋巴囊肿会自行脱落。

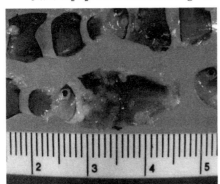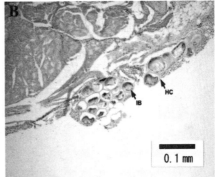

图 5.17　患病的眼斑双锯鱼（A）和皮肤切片（B）（Pirarat 等）

（3）溃疡病。

病因：

又称烂鳍病（Fin Rot）。病原为荧光假单胞菌（*Pseudomonas Fluorescens*）。病原在所有的水体中都是普遍存在的。通常是受损组织的二次感染，也可能是鱼抵抗力低下的主要病原体。

症状：

表现出蛀鳍、体表红斑、溃疡、腹水、竖鳞，突眼等症状。

诊断：

鳍和尾的侵蚀是该疾病的主要外部指标。由于心包、小肠、心脏、肾脏、肝脏和腮部的毛细血管破裂，尸检将显示出瘀伤。对细菌的阳性鉴定需要在实验室进行培养和测试。

防治：

外用与内服结合。

外用药：生石灰、含氯消毒剂遍洒。

内服药：每天 1 次，3 d 为一个疗程。按鱼体质量用氟苯尼考 5～15 mg·kg^{-1} 内服。

（4）弧菌病。

症状：

又称弧菌败血症。鱼尾鳍和鱼鳍腐烂，突鳞（图 5.18），腹部肿胀和溃疡，红疮。患部组织浸润呈出血性溃疡，严重时鳞片脱落，鳍膜烂掉，眼内出血，肛门红肿扩张，常有黄色黏液流出（图 5.19）。

病因：

病原为副溶血弧菌（*Vibrio parahaemolyticus*），在海水中无处不在。

一般为患另一种疾病的海葵鱼的继发性感染。

鉴别：

打开腹腔可见肝脏、膀胱、腹、肠、胆囊会呈现红色和肿胀。鳃贫血。在实验室进行细菌的培养和鉴定。

防治：

以防为主：保持良好水质，不投喂变质饲料，合适的放养密度，避免操作受伤。

发病后可用淡水浸洗、外用消毒剂，内服抗革兰氏阴性菌药治疗。

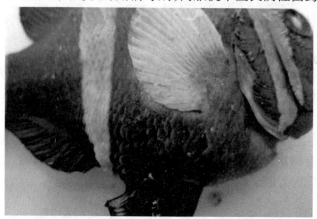

图 5.18　弧菌感染的鞍斑双锯鱼表现突鳞症状

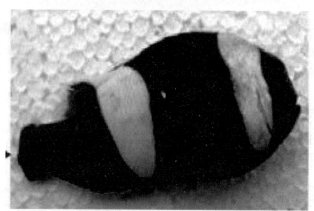

图 5.19　患病的鞍斑双锯鱼（Marudhupandi 等，2017）

（5）鱼结核病。

病因：

又称肉芽肿病。病原为分枝杆菌 marinum 在所有的水体中都是普遍存在的。感染的方式未明，可能是通过受损的上皮细胞和被污染的食物。

症状：

病鱼无精打采、躲在角落或躺在鱼缸底部、缺乏食欲、消瘦,有时有腹胀、突眼、眼睛混浊(蒙眼、云眼)、体色变暗、皮肤出血性溃疡或凸起等症状。有些鱼常常是没有表现出明显的迹象就突然死亡。

诊断：

解剖显微镜下的解剖,将会发现肝、肾、心脏和脾脏的白色小结节。确诊需在实验室进行细菌培养和鉴定。

防治：

预防胜于治疗,发现时一般已经病情严重,治疗无效。病鱼要销毁,彻底消毒。发病的初期可内服链霉素或强力霉素(Doxycycline)治疗,每星期一次,至少治疗一个月。

（6）鱼醉菌病。

病因：

病原为霍氏鱼醉菌(*Ichthyophonus hoferi*),海洋真菌。很有可能通过摄取受真菌孢子感染的食物而进入鱼体内。孢子在鱼体内发芽,形成菌丝,侵入严重的血管化组织,如心脏、肝脏、脾脏、肾脏和侧体肌。子孢子通常在菌丝中产生,但也可以在休眠孢子中产生,而不含菌丝。

症状：

在肝、肾、脾等部位有许多小白点,腹部积水。

诊断：

解剖显微镜下的解剖,将会发现肝、肾、心脏、脾脏和肌肉组织中有白色的结节；在外观上与鱼类结核病病理学非常相似。确诊需要在实验室进行真菌培养和鉴定。

防治：

病鱼、死鱼无害化处理以防传染；尚无有效治疗方法。

（7）海水白点病。

病因：

病原为刺激隐核虫(*Cryprocaryon irritans*),又称为海水小瓜虫(*Ichrhyopltthirius marihus*)。主要是鱼体体质或免疫能力下降,导致水体中的寄生虫卵附着鱼体体表或鳃部。

症状：

初期发病苗种的背部、各鳍上先出现少量白色小点,鱼体因受刺激发痒面擦池底、池壁,用身体摩擦网箱,呼吸频率加快。中期鱼体体表、鳃、鳍等感染部位出现许多0.5～1 mm的小白点、黏液增多,感染处表皮状充血、鳃组织因贫血而呈粉红色,严重时鱼体表皮覆盖一层白色薄膜,反应迟钝,食欲下降,消瘦。如果虫体寄生于眼内会引起瞎眼。后期寄生虫脱落后体表皮肤发炎、坏死,鳞片易脱落,引起细菌的继发性感染,最终导致运动失调、呼吸困难衰弱窒息而死(图 5.20)。

诊断:

取鳃丝或鳍一小块,置于低倍(4×10)显微镜下观察,可发现许多白色圆形或椭圆形结节,放大倍数可发现体表周生纤毛,如果是活体会旋转运动。长度 50 ~ 450 μm。

防治:

增强体质,提高免疫能力。

对已养殖过的池塘或水泥池在放养鱼前用含氯消毒剂或高锰酸钾等浓溶液(150 ~ 200 g·m^{-3})彻底消毒。

淡水浸泡病鱼 3 ~ 10 min,消毒后的病鱼需移入新池。

0.7 ~ 0.8 mg·L^{-1} 硫酸铜药浴 10 ~ 12 h,待黏液大量排出后,消毒后的病鱼需移入新池。

80 mg·L^{-1} 福尔马林药浴 3 min,以不超过 5 min 为限,消毒后的病鱼需移入新池。

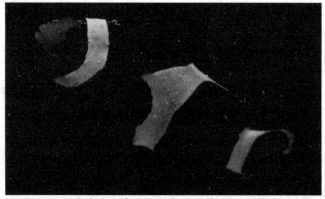

图 5.20　患海水白点病海葵鱼（图片来源：见水印）

（8）丝绒病。

病因:

病原为卵圆鞭毛虫(*Amyloodinium ocellatum*)。因饵料变质或不足和环境等因素影响使海葵鱼免疫能力下降,导致养殖水体中的寄生虫发病。

症状:

又叫淀粉裸甲藻病。卵圆鞭毛虫主要侵袭鱼类的鳃丝。丝绒病的粉末状小点最大可以长到 0.1 mm,只有白点病之白点的 1/3 到 1/10 大小。

感染初期症状不明显,主要表现为摄食降低,游动缓慢、缩鳍、神经紧张、在鱼缸底部摩擦身体、消瘦,鳃部变淡有炎症,分泌大量的黏液和出现呼吸困难等症状。鳃部镜检有白色不透明的卵圆形包囊。后期鳃部明显变白甚至化脓。病鱼的体表会覆盖一层粉末状的薄膜,此为本病的典型症状。病情严重时,病鱼会变得不活泼、没有食欲、逐渐消瘦,最后终难逃一死(图5.21)。

诊断:

取体表和鱼鳃上黏液,或剪取鳃丝末段,在100～200×的显微镜下观察。可以很容易发现大量黑色的圆形包囊,直径为20～80 μm。

防治:

保持良好的水环境和提供营养干净的饵料,提高鱼类免疫能力。预防为主。增加水流可减少该寄生虫的附着机会。

最有效的治疗药物为硫酸铜。如果有继发细菌性的感染,可加用抗生素来治疗。0.5～0.7 mg·L^{-1}的硫酸铜溶液每3～4 d一次,连续3次。

用福尔马林25～30 mg·L^{-1}每3 d一次,连续3次;

用淡水浴5～7 min,连续3天。

需要注意的是,只有自由游动的孢子可以被药物杀死,因此药物的治疗至少必须持续5～7 d。将水族缸空置14～21 d,可以杀死所有的孢子。在此同时,可以将鱼类移至隔离缸中治疗。可将水温升高至28～29 ℃,可以加快卵圆鞭毛虫生活史的完成并释放出孢子,让药物可以更快的将孢子杀死,以达到治疗的效果。

图5.21　患丝绒病海葵鱼(图片来源:网络)

（9）海葵鱼病。

病因：

又称白膜病、神仙鱼病（Angelfish disease）。为海葵鱼和海水神仙鱼常发疾病。病原为布鲁克原虫（*Brooklynella hostilis*），纤毛虫的一种，存在于所有海洋水体中。一般由于水质差而使鱼遭受胁迫而感染，寄生虫可以通过无性繁殖迅速繁殖。

症状：

寄生虫寄生于鳃和皮肤上，呼吸困难，皮肤无白点，黏液增多，逐渐形成朦胧黏稠的白色膜，特别鱼头部区域症状明显。

诊断：

通过皮肤黏液和鳃丝压片在显微镜下（100～200×）进行观察，可发现运动着的肾形细胞，具有大椭圆形细胞核，周身有纤毛。长轴大约长50～80 μm。

治疗：

做好预防，加强隔离检疫。发病初期使用福尔马林 80 mg·L^{-1} 药浴。降低盐度也会有一定的效果。

（10）微孢子虫病。

病因：

病原为微孢子虫（*Microsporidium spp.*）轮虫和卤虫可能是微孢子虫的中间宿主。鱼通过食物摄入孢子而感染。孢子通过中空管将孢子原浆注入宿主细胞内，然后分裂产生大量的细胞，感染肠、胆汁、肝脏、淋巴、肌肉、神经、皮下和性腺组织。

症状：

在鱼类的肠道组织或肌肉、皮肤形成很小的斑点、造成畸形。鱼体色变淡、消瘦，最后衰弱死亡或继发的细菌性感染而死亡。

诊断：

解剖显微镜下的解剖会显示出白色、坚硬、增厚的肠壁，以及肠内的囊肿。

防治：

预防为主，对轮虫和卤虫消毒再投喂。发病初期可用内服甲基三嗪酮（Toltrazuril）或烟曲霉素（Fumagillin）治疗。

（11）鱼虱病。

病因：

病原为长尾鱼虱（*Caligus longipedis*）

症状：

常寄生于鳃盖内壁,刺破鱼皮肤,使鱼焦躁不安,消瘦,狂游或跃出水面。体表伤口易并发细菌性疾病。

诊断：

鱼虱个体相对较大(3.0 ～ 12.0 mm),可以用肉眼识别。

防治：

晶体敌百虫全池泼洒。

图 5.22 为感染长尾鱼虱的海葵双锯鱼仔鱼,图 5.23 为感染长尾鱼虱的克氏双锯鱼仔鱼,图 5.24 为显微镜下的长尾鱼虱。

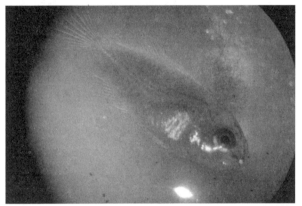

图 5.22　感染长尾鱼虱的海葵双锯鱼仔鱼（Ganeshamurthy 等，2014）

图 5.23　感染长尾鱼虱的克氏双锯鱼仔鱼（Ganeshamurthy 等，2014）

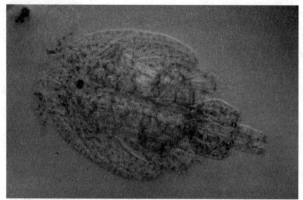

图 5.24　显微镜下的长尾鱼虱（Ganeshamurthy 等，2014）

第六章　新品种的培育

第一节　海葵鱼育种技术

通过现代生物技术和育种手段获得海葵鱼养殖新品种(系),可有效扩宽和丰富养殖品种,调整养殖结构,具有巨大的经济效益,以目前国外开发的海葵鱼变异品系"毕加索"及"雪印"为例,其价值在原种海葵鱼的10倍以上,所以海葵鱼新品种开发是产业发展的重要内在动力源泉。海葵鱼的品种培育主要是利用生物体遗传与变异的规律,通过引种驯化、选择育种、杂交育种和生物技术育种等手段开发和稳固新性状,形成性状稳定遗传的新品种。

一、引种驯化

引种驯化是指从外地或外国引进海葵鱼品种,使其在本地区繁衍后代并达到一定的亲本,进行扩繁,增加本地养殖品种。这种方法具有简单易行、速效、经济等优点,目前国内许多研究机构和海葵鱼繁育公司都进行引种繁殖工作。

二、选择育种

选择育种即选种,是人们利用生物固有的遗传变异性,按照预定的育种目标选优去劣,从群体中挑选变异的个体培育成亲鱼,使后代群体得到遗传改良。选择必须有方向性,一般根据海葵鱼表型性状作定向选择,按照理想的育种目标,在相传的世代中选择合意表现型的个体作亲本,以求出合意的基因型作种,使入选的个体在近交中分离和提纯合意的基因型,淘汰不合要求的基因型。近交是定向选择的最好的交配方式。海葵鱼养殖过程中有一定的概率出现性状变异个体,而且变异性状比较丰富多样,当其发生可遗传的变异时,应及时发现,并有意识选留下来,将具有相同性状的个体选作亲本,并在相传的世代中持续不变地按照同一育种目标进行人工定向选择,才能获得新品种。选择的作用表现在控制变异的发展方向,促进变异积累加强,创造新的品质。选择是最基本的育种方法,在海葵鱼品种形成上起着重要的作用。选择主要依据海葵鱼花纹、体色等观赏性状进行。选择育种是基本的育种手段,其他育种方法也必须结合选择育种方法进行才能完成新品种培育。此外,选择育种还是海葵鱼保持其优良性状的有效方法。当一个定型的优良品种混入其他品种或物种的遗传因子时将发生重新组合,性状驳杂不纯,如果不利的可遗传变异被保留下来(如繁殖力下降、变异性状变差等),即造成了品种的退化,此时,可通过选择育种提高品种的纯合性,达到提纯复壮的目的。具体的选择有以下几个方法:

(1)个体选择。

以个体为单位,以每一个个体的表型为准绳的选择称为个体选择。

(2)家系选择。

家系是指共同亲本繁衍下来的若干世代。家系选择是指以家系为单位进行的选择育种。

(3)后裔测定。

凭借子代表型平均值的测定来确定并选择亲本和亲本组合的选择育种称为后裔测定。

三、杂交育种

以杂交方法培育生物新品种的方式称为杂交育种。杂交育种的原理是利用现有生物资源的基因和性状重新组合,将分散于不同群体的基因重组在一起,建立起新的基因型和表现型。杂交是增加生物变异性的一个重要方法,不同性状的海葵鱼亲本进行杂交可以获得性状的重新组合,综合双亲的性状,产生某些双亲所没有的新性状,使后代获得较大的遗传改良。杂交育种可以为海葵鱼的发展及新品种的培育发挥重要的作用,是其育种的基本途径之一。在海葵鱼杂交培育新品种过程中一般采用育成杂交方法,即应用杂交后代进行选择和培育相结合方式,多代连续进行直至育成理想的新品种。

在杂交育种中应用最为普遍的是品种间杂交,其次是远缘杂交(种间以上的杂交)。杂交亲本的选择要求具备综合性状好、遗传差异大、双亲优缺点能互补、亲本纯度高的特点。杂交育种的方法一般有以下几种:

(1)增殖杂交育种。

经过一次杂交之后,从杂种子代优良个体的子代自群交配繁殖的后代选育新品种。但是,必须注意,只有当两个群体杂交所产生的后代能综合双亲的有益性状并能作为下一代的亲本时,才可以采用这种育种方法。

(2)回交育种。

从杂种一代起多次用杂种与亲本之一继续杂交,从而育成新品种的方法。

(3)复合杂交育种。

将3个或3个以上品种或群体的性状通过杂交重组在一起,培育出新品种的方法。

四、生物技术育种

生物技术育种包括诱变、性别控制、雌核发育、多倍体育种、细胞核移植、转基因技术等方法进行,涉及细胞工程、染色体工程和基因工程等。引种驯化、选择、杂交为常规育种技术,在海葵鱼品种培育过程中已发挥了重要的作用,生物技术育种在海葵鱼育种中的应用,目前仍处于实验室研究和开发阶段。

第二节　海葵鱼育种现状

一、国内的海葵鱼育种

国内海葵鱼全人工规模化繁殖技术研究已经获得成功,建立了多元化的海葵鱼规模化育苗和养成技术体系,并推向产业化。但是,产业化过程中有一个因素制约着产业规模,那就是品种少以及亲鱼难以获得等问题,造成我国海葵鱼养殖品种单一,价值低下,国际竞争力较弱,经济效益不佳,从而反过来又限制了我国海水观赏鱼产业化发展壮大。我国起步比较晚,目前还未见海葵鱼育种技术的报道,在海南省重点研发计划项目支持下,海南热带海洋学院叶乐团队率先在国内进行海葵鱼育种研究,目前已经自主培育出 4 个品系海葵鱼。

（1）鞍背公子。

鞍背公子中间白条纹像马鞍状（图 6.1）。

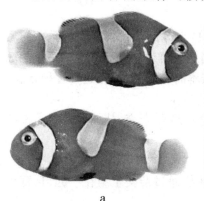

a   b

图 6.1   "鞍背公子"（a）与鞍斑双锯鱼黑色变异种（b）

（2）"四斑公子"。

"四斑公子"身体上上下前后对称分布有 4 块斑纹，与希氏双锯鱼相似，具有完整的头纹，背鳍中部尾柄部位有白斑，不同的是腹部多了一小块白斑，而且白斑周围和各鱼鳍包被黑边（图 6.2）。

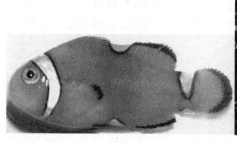

a   b

图 6.2   "四斑公子"（a）与希氏双锯鱼（b）（图来源见水印）

（3）颈环公子。

"颈环公子"与颈环双锯鱼类似，只有头部有头纹，身体其他部位无斑纹。与颈环双锯鱼相比，"颈环公子"的头纹较粗，且呈半圆状，而颈环双锯鱼头纹较细，且弧度较小，另外背鳍有白边（图 6.3）。

图 6.3 "颈环公子"（a）与颈环双锯鱼（b）

（4）双带公子。

"双带公子"这个品系只有两条白带，保留了眼斑双锯鱼完整的头纹和身体中部条纹，而尾纹完全消失，与查戈斯双锯鱼有些相似（图 6.4）。

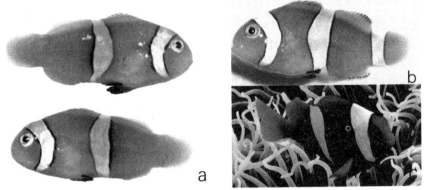

图 6.4 "双带公子"（a）与眼斑双锯鱼原种（b）查戈斯双锯鱼（c）

二、国外的海葵鱼育种

国外一些发达国家，已经成功开发比较多的海葵鱼变异品系并推向市场，如英国热带海洋中心（Tropical Marine Centre，UK）、美国 ORA、Sea & reef 已自行开发得到多种海葵鱼的变异品系。

（1）加索 Picasso（*Amphiprion percula*）。

毕加索（图 6.5）是海葵双锯鱼的变体，其实在自然海域中就存在于所罗门群岛和巴布亚新几内亚，但非常罕见。ORA 的毕加索品系起源于 2004 年，来自所罗门群岛的一只野生毕加索雄鱼与一只典型的玛瑙色的海葵双锯鱼雌鱼（Onyx female）配对。经过几年的选育繁殖出商品化的人工毕加索。目前业内生产和销售的大多数毕加索小丑引种于 ORA。

优质毕加索都是手工挑选的,质量上乘的毕加索白色覆盖率较大,条纹奇特和稀有。每个毕加索引种繁育出的后代中只有一小部分有资格成为毕加索或优质毕加索,大多数后代看起来都像普通的公子小丑。

图 6.5　毕加索 Picasso （*Amphiprion percula*）（图片来源: ORA）

（2）雪花公子 Snowflake（*Amphiprion ocellaris*）。

眼斑双锯鱼的一种流行变种,在身体上有相当数量的不规则白色斑点。雪花海葵鱼的体色和一般形态与普通海葵鱼相似,但条纹图案有很大不同。被剥离的 3 个白色身体都是夸张的,形状和图案都是不规则的。白色的边缘通常是锯齿状的和有角度的。每一条雪花公子白色的百分比和条纹都不一样,所以没有两条雪花公子是一样的。

雪花公子(图 6.6)最初是在 1999 年左右由英国热带海洋中心研发出来。在那个时候,较多得白色图案是不受欢迎的特征。图 6.7 为特级雪花公子。

图 6.6　雪花公子 Snowflake（图片来源: ORA）

图 6.7 特级雪花公子 Ultra Snowflake（图片来源： Sea & reef）

（3）熊猫公子 Black Storm（*Amphiprion ocellaris*）。

眼斑双锯鱼的变种，带有明显的黑白相间的熊猫图案。虽然黑色眼睛的脸将永远保持白色，但鱼身上的黑色图案可以以任何华丽的形式出现，产生完全独特的鱼。

图 6.8 熊猫公子 Black Storm （图片来源： ORA）

（4）熊猫白金小丑 Snow Storm（*Amphiprion ocellaris*）。

熊猫白金小丑（图 6.9）继承了熊猫小丑和雪花海葵鱼的基因。由ORA 培育，最初由雄性熊猫小丑与雌性黑色雪花公子杂交而成。这种鱼与其他白色品种的海葵鱼不同，因为每条鳍主要是黑色的，它们的面部色素仅限于嘴唇和明显的黑色眼睛。这些鱼的黑色鳍和嘴唇的边缘也装饰着冰蓝色。这些鱼有着清脆的白色、闪亮的鳍和诡异的面孔。

图 6.9　熊猫白金小丑 Snow Storm （图片来源：ORA）

（5）金块栗色小丑 Gold Nugget Maroon Clownfish（*Premnas biaculeatus*）。

金块栗色小丑（图 6.10）是金透红小丑的变种。金块栗色不是 3 条金色的条纹，而是一层纯金的颜色覆盖着它的身体。它的脸和鳍仍然是深栗色，尽管在脸上经常可以找到各种斑点和斑点。此外，金色穿透了每条鳍的底部，几乎完全在背鳍（前顶鳍）中。金块栗色的一个显著特点是它们一开始就是白色的。这类似于金透红海葵鱼，也是从白色开始的。随着鱼的成长，鱼的颜色从白色变成了最后的金色。

图 6.10　金块栗色小丑 Gold Nugget Maroon Clownfish（图片来源：Sea & reef）

（6）长鳍公子 Longfin Ocellaris（*Amphiprion ocellaris*）。

长鳍公子（图 6.11）是 ORA 培育出的新品种。戏剧性的飘动鳍是这种原本正常的橙色海葵鱼的一个显著特征。伴随着鲜艳的色彩，它们突出的流苏鳍为水族带来了诱人的光芒。

（7）长鳍黑冰小丑（Longfin Black Ice Clownfish）。

Sea & Reef 培育出的新品种，眼斑双锯鱼的变种，由长鳍公子和黑冰公子演变而来，但它的特点在于它的鱼鳍宽大且有着半透明的边缘（图 6.12）。

图 6.11　长鳍公子 Longfin Ocellaris（图片来源：ORA）

图 6.12　长鳍黑冰小丑（Longfin Black Ice Clownfish）（图片来源：Sea & reef）

（8）雪花僵尸海葵鱼（Snow Zombie Clownfish）。

ORA 培育出的新品种，之所以叫做僵尸小丑，原因在于这种小丑的眼睛是红色的，而红眼又是白化病（黑色素缺乏）的一个标志（图 6.13）。

图 6.13　雪花僵尸海葵鱼（Snow Zombie Clownfish）（图片来源见水印）

（9）僵尸眼长鳍闪电海葵鱼（Zombie-Eyed Longfin Lightning Clownfish）。

Live aquaria 培育出的新品种，由长鳍小丑和僵尸小丑杂交而来（图6.14）。

图 6.14　僵尸眼长鳍闪电海葵鱼（Zombie-Eyed Longfin Lightning Clownfish）（图片来源见水印）

参考文献

[1]Akp ι nar Z, Sevgili H, Özgen T, et al. Dietary protein requirement of juvenile shi drum, Umbrina cirrosa (L.). Aquaculture Research,2012, 43 (3): 421–429. doi: 10.1111/j.1365–2109.2011.02845.x

[2]Alam M S, Watanabe W O, Daniels H V. Effect of Different Dietary Protein and Lipid Levels on Growth Performance and Body Composition of Juvenile Southern Flounder, Paralichthys lethostigma, Reared in a Recirculating Aquaculture System. Journal of the World Aquaculture Society,2009,40 (4): 513–521. doi: 10.1111/j.1749–7345.2009.00274.x

[3]Alava V R, Gomes L A O. Breeding marine aquarium animals: the anemonefish. Naga,1989,12 (3): 12–13.

[4]Allen G R. The anemonefishes: their classification and biology. N.J, Neptune City: T. F. H. Publications, Inc,1972.

[5]Allen G R. Damselfishes of the world. Melle: MERGUS Publishers, 1991.

[6]Allen G R, Drew J, Fenner D. Amphiprion pacificus, a new species of anemonefish (Pomacentridae) from Fiji, Tonga, Samoa, and Wallis Island. aqua, International Journal of Ichthyology,2010,16 (3): 129–138.

[7]Allen G R, Drew J, Kaufman L. Amphiprion barberi, a new species of anemonefish (Pomacentridae) from Fiji, Tonga, and Samoa. aqua, International Journal of Ichthyology,2008,14 (3): 105–114.

[8]Allen G R, Swainston R, Ruse J. Field Guide to Marine Fishes of Tropical Australia and South–East Asia: Western Australian Museum,2009.

[9]Anto J, Majoris J, Turingan R G. Prey selection and functional morphology through ontogeny of Amphiprion clarkii with a congeneric comparison. Journal of Fish Biology,2009,75 (3): 575–590. doi: 10.1111/ j.1095–8649.2009.02308.x

[10]Arshad Hossain M, Almatar S M, James C M. Optimum Dietary Protein Level for Juvenile Silver Pomfret, Pampus argenteus (Euphrasen). Journal of the World Aquaculture Society,2010,41（5）:710-720. doi: 10.1111/j.1749-7345.2010.00413.x

[11]Arvedlund M, Bundgaard I, Nielsen L E. Host imprinting in anemonefishes (Pisces : Pomacentridae): Does it dictate spawning site preferences? Environmental Biology of Fishes,2000,58（2）:203-213.

[12]Baker B I, Bird D J, Buckingham J C. In the trout, CRH and AVT synergize to stimulate ACTH release. Regulatory peptides,1996,67（3）: 207-210.

[13]Batten T F C, Cambre M L, Moons L, et al. Comparative distribution of neuropeptide-immunoreactive systems in the brain of the green molly, Poecilia latipinna. The Journal of Comparative Neurology,1990,302（4）: 893-919.

[14]Bell L J. Notes on the nesting success and fecundity of anemonefish Amphiprion clarkii at Miyake-Jima,Japan. Japanese Journal of Ichthyology, 1976,22（4）: 207-211.

[15]Binesh C P, Renuka K, Malaichami N, et al. First report of viral nervous necrosis-induced mass mortality in hatchery-reared larvae of clownfish, Amphiprion sebae Bleeker. Journal of Fish Diseases,2013,36 （12）: 1017-1020.

[16]Bjerkeng B, Refstie S, Fjalestad K T, et al. Quality parameters of the flesh of Atlantic salmon (Salmo salar) as affected by dietary fat content and full-fat soybean meal as a partial substitute for fish meal in the diet. Aquaculture,1997,157（3）: 297-309.

[17]Boonphakdee C, Sawangwong P. Discrimination of anemonefish species by PCR-RFLP analysis of mitochondrial gene fragments. Environment Asia,2008,（1）: 51-54.

[18]Buston P M. Group structure of the clown anemonefish, Amphiprion percula.(PhD dissertation): Cornell University, Ithaca, NY,2002.

[19]Buston P M. Does the presence of non-breeders enhance the fitness of breeders? An experimental analysis in the clown anemonefish Amphiprion percula. Behavioral Ecology and Sociobiology,2004,57（1）: 23-31.

[20]Buston P M. Territory inheritance in clownfish. Proceedings of

the Royal Society of London Series B-Biological Sciences, 2004, 271, S252-S254.

[21]Buston P M, Cant M A. A new perspective on size hierarchies in nature: patterns, causes, and consequences. Oecologia, 2006, 149 (2): 362-372.

[22]Carter C G, Houlihan D F, Owen S F. Protein synthesis, nitrogen excretion and long - term growth of juvenile Pleuronectes flesus. Journal of Fish Biology, 1998, 53 (2): 272-284.

[23]Casadevall M, Delgado E, Colleye O, et al. Histological study of the sex-change in the skunk clownfish Amphiprion akallopisos. The Open Fish Science Journal, 2009, 2 (1): 55-58.

[24]Caspers H. Histologische untersuchungen über die symbiose zwischen Aktinien und Korallenfischen. Zoologischer Anzeiger, 1939, 126, 245-253.

[25]Chatterjee V K, Beck-Peccoz P. Hormone-nuclear receptor interactions in health and disease. Thyroid hormone resistance. Bailli è res clinical endocrinology and metabolism, 1994, 8 (2): 267-283.

[26]Collingwood C. Note on the existence of gigantic sea-anemones in the China Sea, containing within them quasi-parasitic fish. Annals and Magazine of Natural History, 1868, 4, 31-32.

[27]Dhaneesh K V, Kumar T T A, Shunmugaraj T. Embryonic development of Percula clownfish, Amphiprion percula (Lacepede, 1802). Middle-East Journal of Scientific Research, 2009, 4 (2): 84-89.

[28]Elliott J K, Mariscal R N. Ontogenetic and interspecific variation in the protection of anemonefishes from sea anemones. Journal of Experimental Marine Biology and Ecology, 1997, 208 (1-2): 57-72.

[29]Elliott J K, Mariscal R N. Coexistence of nine anemonefish species: differential host and habitat utilization, size and recruitment. Marine Biology, 2001, 138 (1): 23-36.

[30]Elliott J K, Elliott J M, Mariscal R N. Host selection, location, and association behaviors of anemonefishes in field settlement experiments. Marine Biology, 1995, 122 (3): 377-389.

[31]Elliott J K, Mariscal R N, Roux K H. Do anemonefishes use molecular mimicry to avoid being stung by host anemones? Journal of

Experimental Marine Biology and Ecology, 1994, 179（1）: 99-113.

[32]Ellis S C, Reigh R C. Effects of dietary lipid and carbohydrate levels on growth and body composition of juvenile red drum, Sciaenops ocellatus. Aquaculture, 1991, 97（4）: 383-394.

[33]Erfanullah, Jafri A K. Protein-sparing effect of dietary carbohydrate in diets for fingerling Labeo rohita. Aquaculture, 1995, 136（3）: 331-339.

[34]Fautin D G. Why do anemonefishes inhabit only some host actinians? Environmental Biology of Fishes, 1986, 15（3）: 171-180.

[35]Fautin D G. The anemonefish symbiosis: What is known and what is not. Symbiosis, 1991, 10（1）: 23-46.

[36]Fautin D G, Allen G R. Field guide to anemonefishes and their host sea anemones. Perth, Australia: Western Australian Museum, 1992.

[37]Fautin D G, Allen G R. Anemonefishes and Their Host Sea Anemones（Revised edition）. Perth, Australia: Western Australian Museum, 1997.

[38]Fernando O J, Raja K, Balasubramanian T. Studies on spawning in clownfish Amphiprion sebae with various feed combinations under recirculating aquarium conditions. International Journal of Zoological Research, 2006, 2（4）: 376-381.

[39]Forrester G E. Social rank, individual size and group composition as determinants of food consumption by humbug damselfish, Dascyllus aruanus. Animal Behaviour, 1991, 42（5）: 701-711.

[40]Fricke H W. Mating system, resource defence and sex change in the anemonefish Amphiprion akallopisos. Zeitschrift für Tierpsychologie, 1979, 50, 313-326.

[41]Gainsford A, Herwerden L, Jones G P. Hierarchical behaviour, habitat use and species size differences shape evolutionary outcomes of hybridization in a coral reef fish. Journal of Evolutionary Biology, 2015, 28（1）: 205-222.

[42]Ganeshamurthy R, Raj M M, Kumar V S, et al. Effect of Copepoda parasites Caligus longipedis（Bassett- Smith in 1898）infection in marine ornamental fish Amphiprion percula and Amphiprion clarkii. International Journal of Fisheries and Aquatic Studies, 2014, 1（6）: 173-175.

[43]Godwin J R, Fautin D G. Defense of host actinians by

anemonefishes. Copeia, 1992（3）: 902–908.

[44]Godwin J R, Thomas P. Sex change and steroid profiles in the protandrous anemonefish Amphiprion melanopus（Pomacentridae, Teleostei）. General and Comparative Endocrinology, 1993, 91（2）: 144–157.

[45]Gordon A K, Bok A W. Frequency and periodicity of spawning in the clownfish Amphiprion akallopisos under aquarium conditions. Aquarium Sciences and Conservation, 2001, 3（4）: 293–299.

[46]Green B S. Embryogenesis and oxygen consumption in benthic egg clutches of a tropical clownfish, Amphiprion melanopus（Pomacentridae）. Comparative Biochemistry and Physiology – Part A: Molecular & Integrative Physiology, 2004, 138（1）: 33–38. doi: DOI: 10.1016/j.cbpb.2004.02.014

[47]Green B S, Fisher R. Temperature influences swimming speed, growth and larval duration in coral reef fish larvae. Journal of Experimental Marine Biology and Ecology, 2004, 299（1）: 115–132.

[48]Gunasekaran K, Sarvanakumar A, Selvam D, et al. Embryonic and larval developmental stages of sebae clownfish Amphiprion sebae（Bleeker 1853）in captive condition. Indian Journal of Geo Marine Sciences, 2017, 46（5）, 1061–1068.

[49]Hattori A. Socially controlled growth and size–dependent sex change in the anemonefish Amphiprion frenatus in Okinawa, Japan. Ichthyological Research, 1991, 38（2）: 165–177.

[50]Hattori A. Inter–group movement and mate acquisition tactics of the protandrous anemonefish, Amphiphrion clarkii, on a coral reef, Okinawa. Japanese Journal of Ichthyology, 1994, 41（2）: 159–165.

[51]Hattori A, Yanagisawa Y. Life–history pathways in relation to gonadal sex differentiation in the anemonefish, Amphiprion clarkii, in temperate waters of Japan. Environmental Biology of Fishes, 1991, 31（2）: 139–155.

[52]Hemre G I, Lie Ø, Sundby A. Dietary carbohydrate utilization in cod（Gadus morhua）: metabolic responses to feeding and fasting. Fish Physiology & Biochemistry, 1993, 10（6）: 455–463.

[53]Hemre G I, Mommsen T P, Krogdahl A. Carbohydrates in fish nutrition: effects on growth, glucose metabolism and hepatic enzymes.

Aquaculture Nutrition,2002,8（3）：175-194（120）.

[54]Ho Y S, Chen C M, Chen W Y, et al. Embryo development and larval rearing of Pink Clownfish（Amphiprion perideraion）. Journal of the Fisheries Society of Taiwan,2008,35（1）：75-85.

[55]Ho Y S, Shih S C, Cheng M J, et al. Reproduction behavior and larval rearing of the tomato anemonefish（Amphiprion frenatus）. Journal of Taiwan Fisheries Research,2009,17（1）：39-51.

[56]Hoff F H, Moe M A, Lichtenbert J, et al. Conditioning, Spawning and Rearing of Fish with Emphasis on Marine Clownfish. Dade City, Florida, USA：Aquaculture Consultants, Inc,1996.

[57]Holbrook S J, Schmitt R J. Growth, reproduction and survival of a tropical sea anemone（Actiniaria）：benefits of hosting anemonefish. Coral Reefs,2005,24（1）：67-73.

[58]Hu Y H, Liu Y J, Tian L X, et al. Optimal dietary carbohydrate to lipid ratio for juvenile yellowfin seabream（Sparus latus）. Aquaculture Nutrition,2007,13（4）：291-297.

[59]Hunt P D. What fish?：a buyer's guide to reef fish,2009.

[60]Iwata E, Mikami K, Manbo J, et al. Gene expression and the social rank formation in anemonefish. Neuroscience Research,2009,65（Supplement 1）：S227-S227.

[61]Iwata E, Nagai Y, Sasaki H. Social rank modulates brain arginine vasotocin immunoreactivity in false clown anemonefish（Amphiprion ocellaris）. Fish Physiology and Biochemistry,2010,36（3）：337-345. doi：10.1007/s10695-008-9298-y

[62]Iwata E, Nagai Y, Hyoudou M, et al. Social environment and sex differentiation in the false clown anemonefish, Amphiprion ocellaris. Zoological Science,2008,25（2）：123-128. doi：10.2108/zsj.25.123

[63] Rolland J , Silvestro D , Litsios G , et al. Clownfishes evolution below and above the species level. Proceedings of the Royal Society B Biological ences,2018,285(1873)：20171796.

[64]Khan M A, Jafri A K, Chadha N K. Effects of varying dietary protein levels on growth, reproductive performance, body and egg composition of rohu, Labeo rohita（Hamilton）. Aquaculture Nutrition,2005,11（1）：11-17.

[65]Kim N N, Jin D H, Lee J, et al. Upregulation of estrogen receptor

subtypes and vitellogenin mRNA in cinnamon clownfish Amphiprion melanopus during the sex change process: Profiles on effects of 17[beta]-estradiol. Comparative Biochemistry and Physiology Part B: Biochemistry and Molecular Biology, 2010, 157 (2): 198–204. doi: DOI: 10.1016/j.cbpb.2010.06.003

[66]Kobayashi Y, Horiguchi R, Miura S, et al. Sex- and tissue-specific expression of P450 aromatase (cyp19a1a) in the yellowtail clownfish, Amphiprion clarkii. Comparative Biochemistry and Physiology – Part A: Molecular & Integrative Physiology, 2010, 155 (2): 237–244. doi: DOI: 10.1016/j.cbpa.2009.11.004

[67]Koebele B P. Growth and the size hierarchy effect: an experimental assessment of three proposed mechanisms ; activity differences, disproportional food acquisition, physiological stress. Environmental Biology of Fishes, 1985, 12 (3): 181–188.

[68]Kumar T T A, Balasubramanian T. Broodstock development, spawning and larval rearing of the false clown fish, Amphiprion ocellaris in captivity using estuarine water. Current Science, 2009, 97 (10): 1483–1486.

[69]Kumar T T A, Setu S K, Murugesan P, et al. Studies on captive breeding and larval rearing of clown fish a(1), Amphiprion sebae (Bleeker, 1853) using estuarine water. Indian Journal of Marine Sciences, 2010, 39 (1): 114–119.

[70]Kuwamura T, Nakashima Y. New aspects of sex change among reef fishes: recent studies in Japan. Environmental Biology of Fishes, 1998, 52 (1): 125–135.

[71]Li X Y, Wang J T, Han T, et al. Effects of dietary carbohydrate level on growth and body composition of juvenile giant croaker Nibea japonica. Aquaculture Research, 2014, n/a–n/a. doi: 10.1111/are.12437.

[72]Liew H J, Ambak M A, Abol-Munafi A B, et al. Embryonic development of clownfish Amphiprion ocellaris under laboratory conditions. Journal of Sustainability Science and Management, 2006, 1 (1): 64–73.

[73]Litsios G , Salamin N. Hybridisation and diversification in the adaptive radiation of clownfishes. Bmc Evolutionary Biology, 2014, 14 (1): 245.

[74]Litsios G, Kostikova A, Salamin N. Host specialist clownfishes are environmental niche generalists. Proceedings of the Royal Society B

Biological Sciences,2014,281（1795）:20133220.

[75]Litsios G , Sims C A , Rafael O W ü est, et al. Mutualism with sea anemones triggered the adaptive radiation of clownfishes. Bmc Evolutionary Biology,2012,12（1）:212.

[76]Liu X, Mai K, Ai Q, et al. Effects of Protein and Lipid Levels in Practical Diets on Growth and Body Composition of Tongue Sole, Cynoglossus semilaevis Gunther. Journal of the World Aquaculture Society, 2013,44（1）:96-104. doi:10.1111/jwas.12006

[77]Liu X, Mai K, Liufu Z, et al. Effects of Dietary Protein and Lipid Levels on Growth, Nutrient Utilization, and the Whole-body Composition of Turbot, Scophthalmus maximus, Linnaeus 1758, at Different Growth Stages. Journal of the World Aquaculture Society,2014,45（4）:355-366. doi: 10.1111/jwas.12135

[78]Lubbock R. Why are clownfishes not stung by sea anemones? Proceedings of the Royal Society of London. Series B, Biological Sciences, 1980,207（1166）:35-61.

[79]Lubbock R. The clownfish/anemone symbiosis:a problem of cellular recognition. Parasitology,1981,82（1）:159-173.

[80]Lv Y, Chang Q, Chen S, et al. Effect of Dietary Protein and Lipid Levels on Growth and Body Composition of Spotted Halibut, Verasper variegatus. Journal of the World Aquaculture Society,2015,46（3）:311-318. doi:10.1111/jwas.12196

[81]Madhu K, Madhu R, Venugopal K M. Acclimation and growth of hatchery produced false clown Amphiprion ocellaris to natural and surrogate anemones. Journal of the Marine Biological Association of India,2009,51（1）:205-210.

[82]Mariscal R N. An experimental analysis of the protection of Amphiprion xanthurus Cuvier & Valenciennes and some other anemone fishes from sea anemones. Journal of Experimental Marine Biology and Ecology,1970,4（2）:134-149.

[83]Mariscal R N. Experimental studies on the protection of anemone fishes from sea anemones. In T. C. Cheng（Ed.）:Aspects of the biology of symbiosis（pp. 283 ¨ C315）. Baltimore:University Park Press,1971.

[84]Marudhupandi T, Prakash S, Balamurugan J, et al. Vibrio

parahaemolyticus a causative bacterium for tail rot disease in ornamental fish, Amphiprion sebae. Aquaculture Reports, 2017, 8（5）: 39–44.

[85]Mebs D. Anemonefish symbiosis: Vulnerability and resistance of fish to the toxin of the sea anemone. Toxicon, 1994, 32（9）: 1059–1068.

[86]Mebs D. Chemical biology of the mutualistic relationships of sea anemones with fish and crustaceans. Toxicon, 2009, 54（8）: 1071–1074.

[87]Miura S, Nakamura M. The role of estrogen in gonadal sex differentiation in protandrous anemonefish Amphiprion clarkii similar to Immunohistocheniical localization of P450scc in gonads of male and female phases similar to. Cybium, 2008, 32（2）: 87–87.

[88]Miura S, Horiguchi R, Nakamura M. Immunohistochemical evidence for 11beta–hydroxylase（P45011beta）and androgen production in the gonad during sex differentiation and in adults in the protandrous anemonefish Amphiprion clarkii. Zoolog Sci, 2008, 25（2）: 212–219. doi: 0289-0003-25-2-212 [pii]10.2108/zsj.25.212

[89]Miura S, Nakamura S, Kobayashi Y, et al. Differentiation of ambisexual gonads and immunohistochemical localization of P450 cholesterol side–chain cleavage enzyme during gonadal sex differentiation in the protandrous anemonefish, Amphiprion clarkii. Comparative Biochemistry and Physiology Part B: Biochemistry and Molecular Biology, 2008, 149（1）: 29–37. doi: DOI: 10.1016/j.cbpb.2007.08.002

[90]Miyagawa K. Experimental analysis of the symbiosis between anemonefish and sea anemones. Ethology, 1989, 80（1–4）: 19–46.

[91]Miyagawa K, Hidaka T. Amphiprion clarkii juvenile: innate protection against and chemical attraction by symbiotic sea anemones. Proceedings of the Japan Academy. Ser. B: Physical and Biological Sciences, 1980, 56（6）: 356–361.

[92]Mohseni M, Pourkazemi M, Hosseni M R, et al. Effects of the dietary protein levels and the protein to energy ratio in sub–yearling Persian sturgeon, Acipenser persicus（Borodin）. . Aquaculture Research, 2013, 44（3）: 378–387.

[93]MOLNÁR T, SZABÓ A, SZABÓ G, et al. Effect of different dietary fat content and fat type on the growth and body composition of intensively reared pikeperch Sander lucioperca（L.）. Aquaculture Nutrition, 2006, 12

（3）：173-182.

[94]Moreira I S, Peres H, Couto A, et al. Temperature and dietary carbohydrate level effects on performance and metabolic utilisation of diets in European sea bass（Dicentrarchus labrax）juveniles. Aquaculture,2008, 274（1）：153-160.

[95]Moyer J T, Bell L J. Reproductive behavior of the anemonefish Amphiprion clarkii at Miyake-Jima,Japan. Japanese Journal of Ichthyology, 1976,23（1）：23-32.

[96]Moyer J T, Nakazono A. Protatidrous hermaphroditism, in six species of the Anemonefish genus Amphiprion in Japan. Japanese Journal of Ichthyology,1978,25（2）：101-106.

[97]Ochi H. Temporal patterns of breeding and larval settlement in a temperate population of the tropical anemonefish, Amphiprion clarkii. Ichthyological Research,1985,32（2）：248-257.

[98]Ochi H. Acquisition of breeding space by nonbreeders in the anemonefish Amphiprion clarkii in temperate waters of southern Japan. Ethology,1989,83（4）：279-294.

[99]Oliva-Teles A. Nutrition and health of aquaculture fish. Journal of Fish Diseases,2012,35（2）：83-108. doi：10.1111/j.1365-2761.2011.01333.x

[100]Önal U, Langdon C, Celik I. Ontogeny of the digestive tract of larval percula clownfish, Amphiprion percula（Lacepede 1802）: a histological perspective. Aquaculture Research,2008,39（10）：1077-1086. doi：10.1111/j.1365-2109.2008.01968.x

[101]Pakdel F,Metivier R,Flouriot G,et al. Two estrogen receptor（ER）isoforms with different estrogen dependencies are generated from the trout ER gene. Endocrinology,2000,141（2）：571-580.

[102]Phillips, Elizabeth. Spontaneous alloparental care of unrelated offspring by non-breeding Amphiprion ocellaris in absence of the biological parents. Scientific Reports,2020,10（1）：1-11.

[103]Pirarat N, Pratakpiriya W, Jongnimitpaiboon K, et al. Lymphocystis disease in cultured false clown anemonefish（Amphiprion ocellaris）. Aquaculture,2011,315（3-4）：414-416.

[104]Qingsong T, Wang F, Shouqi X, et al. Effect of high dietary starch

levels on the growth performance, blood chemistry and body composition of gibel carp(Carassius auratus var. gibelio). Aquaculture Research,2009,40 (9): 1011-1018.

[105]Quenouille B, Bermingham E, Planes S. Molecular systematics of the damselfishes (Teleostei: Pomacentridae): Bayesian phylogenetic analyses of mitochondrial and nuclear DNA sequences. Molecular Phylogenetics and Evolution,2004,31 (1): 66-88. doi: Doi: 10.1016/s1055-7903 (03)00278-1

[106]Rahimnejad S, Bang I C, Park J Y, et al. Effects of dietary protein and lipid levels on growth performance, feed utilization and body composition of juvenile hybrid grouper, Epinephelus fuscoguttatus × E. lanceolatus. Aquaculture,2015,446 (1): 283-289.

[107]Rattanayuvakorn S, Mungkornkarn P, Thongpan A, et al. Embryonic development of saddleback anemonefish, Amphiprion polymnus, Linnaeus (1758). Kasetsart Journal (Natural Science) (Thailand),2005, 39,455 - 463.

[108]Rattanayuvakorn S, Mungkornkarn P, Thongpan A, et al. Gonadal development and sex Inversion in Saddleback Anemonefish Amphiprion polymnus Linnaeus (1758). Kasetsart J,2006,40,196-203.

[109]Ren M C, Ai Q H, Mai K S, et al. Effect of dietary carbohydrate level on growth performance, body composition, apparent digestibility coefficient and digestive enzyme activities of juvenile cobia, Rachycentron canadum L. Aquaculture Research,2011,42 (10): 1467-1475.

[110]Richardson D L, Harrison P L, Harriott V J. Timing of spawning and fecundity of a tropical and subtropical anemonefish (Pomacentridae: Amphiprion) on a high latitude reef on the east coast of Australia. Marine Ecology-Progress Series,1997,156,175-181.

[111]Robertson D R. Social control of sex reversal in a coral-reef fish. Science,1972,177 (4053): 1007.

[112]Rohwer S, Herron J C, Daly M. Stepparental behavior as mating effort in birds and other animals. Evolution and Human Behavior,1999,20, 367-390.

[113]Ross R M. Reproductive behavior of the anemonefish Amphiprion melanopus on Guam. Copeia,1978 (1): 103-107.

[114]Roux N, Salis P, Lambert A, et al. Staging and normal table of postembryonic development of the clownfish (Amphiprion ocellaris). Developmental Dynamics, 2019, 248 (1): 1–24.

[115]Sahusilawane H A , Junior M Z , Suprayudi M A , et al. Preliminary study: paired clownfish (Amphiprion sp.) spawning pattern in indoor rearing system. IOP Conference Series Earth and Environmental Science, 2019, 404: 012034.

[116]Salis P, Roux N, Soulat O, et al. Ontogenetic and phylogenetic simplification during white stripe evolution in clownfishes. Bmc Biology, 2018, 16 (1): 90. doi: 10.1186/s12915–018–0559–7.

[117]Santini S, Polacco G. Finding Nemo: Molecular phylogeny and evolution of the unusual life style of anemonefish. Gene, 2006, 385, 19–27.

[118]Schlichter D. Produktion oder ü bernahme von schutzstoffen als ursache des Nesselschutzes von Anemonenfischen? Journal of Experimental Marine Biology and Ecology, 1975, 20 (1): 49–61.

[119]Schlichter D. Macromolecular mimicry: substances released by sea anemones and their role in the protection of anemone fishes. In G. O. Mackie (Ed.): Coelenterate Ecology and Behavior (pp. 433–441). New York: Plenum Press, 1976.

[120]Siva M U, Haq M A B. Embryonic development of anemone fishes in captivity. Journal of Oceanography and Marine Science, 2017, 8, 1–13.

[121]Su S L, Ambak M A, Jusoh A, et al. Waste excretion of marble goby (Oxyeleotris marmorata Bleeker) fed with different diets. Aquaculture, 2008, 274 (1): 49–56.

[122]Tibbetts S M, Lall S P, Milley J E. Effects of dietary protein and lipid levels and DP DE−1 ratio on growth, feed utilization and hepatosomatic index of juvenile haddock, Melanogrammus aeglefinus L. Aquaculture Nutrition, 2005, 11 (1): 67–75.

[123]Timm J, Figiel M, Kochzius M. Contrasting patterns in species boundaries and evolution of anemonefishes (Amphiprioninae, Pomacentridae) in the centre of marine biodiversity. Molecular Phylogenetics and Evolution, 2008, 49 (1): 268–276. doi: DOI: 10.1016/j.ympev.2008.04.024

[124]V á squez-Torres W, Arias-Castellanos J A. Effect of dietary

carbohydrates and lipids on growth in cachama (Piaractus brachypomus). Aquaculture Research, 2013, 44 (11): 1768–1776.

[125]Wang A M, Yang W P, Shen Y L, et al. Effects of dietary lipid levels on growth performance, whole body composition and fatty acid composition of juvenile gibel carp (Carassius auratus gibelio). Aquaculture Research, 2014, 46 (11): 2819–2828.

[126]Wang J T, Liu Y J, Tian L X, et al. Effect of dietary lipid level on growth performance, lipid deposition, hepatic lipogenesis in juvenile cobia (Rachycentron canadum). Aquaculture, 2005, 249 (1–4): 439–447.

[127]Wang Y Y, Ma G J, Shi Y, et al. Effects of dietary protein and lipid levels on growth, feed utilization and body composition in Pseudobagrus ussuriensis fingerlings. Aquac. Nutr, 2013, 19 (3): 390–398.

[128]Wang Y, Liu Y J, Tian L X, et al. Effects of dietary carbohydrate level on growth and body composition of juvenile tilapia, Oreochromis niloticus × O. aureus. Aquaculture Research, 2005, 36 (14): 1408–1413. doi: 10.1111/j.1365–2109.2005.01361.x

[129]Warner R R. Mating behavior and hermaphroditism in coral reef fishes. American Scientist, 1984, 72 (2): 128–136.

[130]Wilson R P. Utilization of dietary carbohydrate by fish. Aquaculture, 1994, 124 (94): 67–80.

[131]Wong M, Balshine S. The evolution of cooperative breeding in the African cichlid fish, Neolamprologus pulcher. Biological Reviews , 2011, 86, 511–530.

[132]Yanagisawa Y, Ochi H. Step–fathering in the anemonefish Amphiprion clarkii: a removal study. Animal behaviour, 1986, 34, 1769–1780.

[133]Yasir I, Qin J G. Embryology and early ontogeny of an anemonefish Amphiprion ocellaris. Journal of the Marine Biological Association of the United Kingdom, 2007, 87 (4): 1025–1033.

[134]Zhang D, Trudeau V L. Integration of membrane and nuclear estrogen receptor signaling. Comparative Biochemistry and Physiology–Part A: Molecular & Integrative Physiology, 2006, 144 (3): 306–315.

[135]Zöttl M, Heg D, Chervet N. et al. Kinship reduces alloparental care in cooperative cichlids where helpers pay–to–stay. Nature

communications ,2013,4,1341.

[136] 鲍鹰,张鹏,祝承勇,等.红小丑人工繁殖和育苗的初步研究.海洋科学,2009,(2):5-10.

[137] 陈壮,梁萌青,郑珂珂,等.饲料蛋白水平对鲈鱼生长、体组成及蛋白酶活力的影响.渔业科学进展,2014,35(2):51-59.

[138] 邓君明,麦康森,艾庆辉,等.鱼类蛋白质周转代谢的研究进展.中国水产科学,2007,14(1):165-172.

[139] 丁立云,张利民,王际英,等.饲料蛋白水平对星斑川鲽幼鱼生长、体组成及血浆生化指标的影响.中国水产科学,2010,17(6):1285-1292.

[140] 胡静,叶乐,赵旺,等.饲料脂肪水平对眼斑双锯鱼幼鱼生长性能和体成分的影响.中国饲料,2016,(6):25-28.

[141] 蒋利和,吴宏玉,黄凯,等.饲料糖水平对吉富罗非鱼幼鱼生长和肝代谢功能的影响.水产学报,2013,37(2):245-255.

[142] 李葳,侯俊利,章龙珍,等.饲料糖水平对点篮子鱼生长性能的影响.海洋渔业,2012,34(1):64-70.

[143] 李晓宁.饲料糖水平对大菱鲆和牙鲆生长、生理状态参数及体组成的影响.中国海洋大学,2011.

[144] 刘兴旺,许丹,张海涛,等.卵形鲳鲹幼鱼蛋白质需要量的研究.南方水产科学,2011,7(1):45-49.

[145] 罗毅平,谢小军.鱼类利用碳水化合物的研究进展.中国水产科学,2010,17,381-390.

[146] 宋理平,冒树泉,马国红,等.饲料脂肪水平对许氏平鲉脂肪沉积、血液生化指标及脂肪代谢酶活性的影响.水产学报,2014,38(11):1879-1888.

[147] 覃川杰,陈立侨,李二超,等.饲料脂肪水平对鱼类生长及脂肪代谢的影响.水产科学,2013,32(8):485-491.

[148] 王爱民,韩光明,封功能,等.饲料脂肪水平对吉富罗非鱼生产性能、营养物质消化及血液生化指标的影响.水生生物学报,2011,35(1):80-87.

[149] 王爱民,吕富,杨文平,等.饲料脂肪水平对异育银鲫生长性能、体脂沉积、肌肉成分及消化酶活性的影响.动物营养学报,2010,22(3):625-633.

[150] 杨莹,陈立侨,李二超,等.饲料糖水平对瓦氏黄颡鱼幼鱼生

长、体成分和血清生化指标的影响研究.复旦学报:自然科学版,2011,50（5）: 625-631.

[151] 杨雨虹,于世亮,王裕玉,等.饲料脂肪水平对乌苏里拟鲿生长性能和体成分的影响.中国饲料,2015（3）: 17-19.

[152] 叶乐,胡静,赵旺,等.饲料蛋白水平对眼斑双锯鱼幼鱼生长性能和体成分的影响.水产科学,2017,36（1）: 1-7.

[153] 叶乐,王雨,杨其彬,等.小丑鱼规模化繁育技术研究.中国水产,2008,（12）: 59-60.

[154] 张盛.饲料糖水平对斑点叉尾鮰生长和生理机能的影响.广西大学,2014.

[155] 赵旺,牛津,胡静,等.饲料糖水平对眼斑双锯鱼幼鱼生长性能和体成分的影响.南方水产科学,2017,13（3）: 66-72.

[156] 郑珂珂,朱晓鸣,韩冬,等.饲料脂肪水平对瓦氏黄颡鱼生长及脂蛋白脂酶基因表达的影响.水生生物学报,2010,34（4）: 815-821.

[157] 朱卫,刘鉴毅,庄平,等.饲料脂肪水平对点篮子鱼生长和体成分的影响.海洋渔业,2013,35（1）: 65-71.